Sitzungsberichte der Heidelberger Akademie der Wissenschaften
Mathematisch-naturwissenschaftliche Klasse
Jahrgang 1993/94, 6. Abhandlung

Hans Mohr   Armin Neininger

Schwachstellen der Nitrat- und Ammoniumassimilation – eine Chance für die Gentechnik?

Vorgelegt in der Sitzung vom 2. Juli 1994
als Abschlußbericht des Forschungsprojekts
„Regulation von Schwachstellen der Nitratassimilation"
der Heidelberger Akademie der Wissenschaften

Springer-Verlag

Berlin Heidelberg New York
London Paris Tokyo
Hong Kong Barcelona
Budapest

Prof. Dr. Dres. h. c. Hans Mohr
Akademie für Technikfolgenabschätzung
Industriestr. 5
70565 Stuttgart

Dr. Armin Neininger
Max-Delbrück-Centrum
Robert-Rössle-Str. 10
13125 Berlin-Buch

Mit 13 Abbildungen

ISBN-13: 978-3-540-58708-8   e-ISBN-13: 978-3-642-46814-8
DOI: 10.1007/978-3-642-46814-8

Die Deutsche Bibliothek – CIP-Einheitsaufnahme
Heidelberger Akademie der Wissenschaften / Mathematisch-Naturwissenschaftliche Klasse: Sitzungsberichte der
Heidelberger Akademie der Wissenschaften, Mathematisch-Naturwissenschaftliche Klasse. – Berlin; Heidelberg;
New York; London; Paris; Tokyo; Hong Kong; Barcelona; Budapest: Springer
Früher Schriftenreihe
Jg. 1993/94, Abh. 6. Mohr, Hans: Schwachstellen der Nitrat- und Ammoniumassimilation
– eine Chance für die Gentechnik? – 1994
Mohr, Hans: Schwachstellen der Nitrat- und Ammoniumassimilation – eine Chance für die Gentechnik?:
Vorgelegt in der Sitzung vom 2. Juli 1994 / Hans Mohr; Armin Neininger. – Berlin; Heidelberg; New York;
London; Paris; Tokyo; Hong Kong; Barcelona; Budapest: Springer, 1994
(Sitzungsberichte der Heidelberger Akademie der Wissenschaften, Mathematisch-Naturwissenschaftliche Klasse;
Jg. 1993/94, Abh. 6)
Neininger, Armin:

SPIN 10486923   20/3140 - 5 4 3 2 1 0 – Gedruckt auf säurefreiem Papier

Schwachstellen der Nitrat- und Ammoniumassimilation – eine Chance für die Gentechnik?

Hans Mohr und Armin Neininger

Inhaltsverzeichnis

Zusammenfassung

Der Stickstoff, wesentlicher Bestandteil der Bausteine von Proteinen, Nukleinsäuren und Porphyrinen, ist eines der wichtigsten Elemente der Biosphäre. Die Verfügbarkeit von Stickstoff war nach dem heutigen Kenntnisstand ein entscheidend begrenzender Faktor der biologischen Evolution (White 1993). Im Zuge der Höherentwicklung von Mikroorganismen, Pflanzen und Tieren, verbunden mit der Ausbildung obligater nutritiver Abhängigkeiten, hat sich für Stickstoff ein sehr effizienter Stoffkreislauf etabliert.

In diesem Jahrhundert wurde der evolutionsbewährte N-Kreislauf durch zusätzliche N-Inputs (Haber-Bosch-Verfahren, Ausdehnung des Leguminosenanbaus, NO_x-Bildung bei Verbrennungsprozessen, Ammoniak-Emissionen) massiv gestört. Durch die anthropogenen Einträge von Nitrat-N und Ammonium-N dürfte in vielen Ökosystemen die ‚critical load‘ für Stickstoff bereits überschritten sein. Dies äußert sich heute global und regional in gravierenden Umweltproblemen (weltweite Eutrophierung, Nitrat in Quell- und Grundwasser, N_2O in der Atmosphäre, Verengung im C/N-Verhältnis vieler Böden).

Die Bewältigung dieser Umweltprobleme setzt ein umfassendes Verständnis der geophysikalischen und organismischen Umsetzungsprozesse im Stickstoffkreislauf voraus. Unser Beitrag auf der Stufe der Pflanzen zielt auf die Identifizierung von ‚Schwachstellen‘ der Nitratreduktion und Ammoniumassimilation. Darunter verstehen wir jene Prozesse der Aufnahme, der Verarbeitung und der Verteilung von Stickstoff in der Pflanze, die die Assimilation dieses Nährelements aus der Bodenlösung in die N-haltigen organischen Moleküle limitieren. Die Identifizierung der Schwachstellen erfordert einen verbesserten Einblick in den Mechanismus der N-Assimilation. Unter Mechanismus verstehen wir die molekularen Einzelschritte und ihre Regulation sowie die Einbindung in zelluläre Strukturen und biochemische Abläufe. Das praktische Ziel der Studie war es, zu einer höheren Stickstoffeffizienz in der Landwirtschaft beizutragen, um damit die Möglichkeit zu schaffen, die anthropogenen Einträge in den N-Kreislauf zu reduzieren.

Die Forschungsstelle beschäftigte sich deshalb mit der Untersuchung der Stickstoffaufnahme sowie der Struktur, Funktion und Regulation der an der Stickstoffassimilation beteiligten Proteine und der Verteilung der stickstoffhaltigen Moleküle innerhalb der höheren Pflanze. Dabei stand der Wunsch im Vordergrund, durch die Formulierung von Züchtungszielen zur Lösung der Stickstoff-Problematik beizutragen. In die Untersuchung wurden alle an der N-Assimilation beteiligten Enzyme (Nitratreduktase, Nitritreduktase, Glutaminsynthetase, Glutamatsynthase und Aminotransferasen) einbezogen. Als Untersuchungsobjekte dienten die forstwirtschaftlich wichtige Waldkiefer und verschiedene Vertreter der landwirtschaftlich genutzten Kulturpflanzen (Gerste, Spinat, Senf und Tabak).

Die Ergebnisse zeigen, daß für die beiden N-Quellen Nitrat und Ammonium unterschiedliche Schwachstellen existieren. Markierungen mit dem schweren Isotop ^{15}N ergaben, daß die Waldkiefer sehr viel mehr Ammonium-N als Nitrat-N aufnimmt, sofern beide Stickstoffverbindungen in gleicher Konzentration zur Verfügung stehen. Ein reichliches Angebot an NH_4^+-N führt jedoch zu einem Netto-Verlust an Kalium in das Substrat. Dies resultiert in einer Störung der Proteinsynthese, die einen relativ hohen Kaliumgehalt voraussetzt. In der Folge kommt es zu einer toxischen Ammoniumanreicherung. Diese „Ammoniumtoxizität", die auch bei den landwirtschaftlich genutzten Kulturpflanzen in Erscheinung tritt, schließt die optimale Nutzung eines erhöhten Ammoniumangebots aus.

Regulatorisch abgepuffert ist hingegen die Assimilation von Ammonium aus der Nitratreduktion. Ein erhöhtes Nitratangebot kann von allen geprüften Pflanzen problemlos verarbeitet werden. Der N-assimilierende Apparat ist so eingerichtet, daß das gesamte aufgenommene Nitrat in Aminosäuren und schließlich in Proteine assimiliert wird, ohne daß es zu einer abträglichen Akkumulation von Zwischenprodukten kommt. Die Regulation der Genexpression durch Nitrat und Licht passt die Pegel der einzelnen Nitrat-assimilierenden Enzyme dem Bedarf so großzügig an, daß eine Limitierung der N-Assimilationskapazität durch eines der beteiligten Enzyme nicht zu erkennen ist. Vielmehr dürfte die Bereitstellung ausreichender Mengen an Kohlenhydraten bzw. organischen Säuren zur Assimilation des reduzierten Stickstoffs in organische Verbindung den eigentlichen Engpass der Nitratassimilation darstellen. Sinkt die Lichtintensität – und damit die Bildung von Kohlenhydraten – ab, so reagiert vor allem die Nitratreduktase mit einer Abregulierung des Pegels.

Aus diesen Ergebnissen sind konkrete Züchtungsziele abzuleiten, beispielsweise ein höheres C/N-Verhältnis bei Energiepflanzen, eine hohe Nitrat-Speicherkapazität bei Zwischenfrüchten oder tiergerechte Aminosäurezusammensetzungen bei Futterpflanzen. Während die züchterische Optimierung des N-Aneignungsvermögens bei Kulturpflanzen in greifbare Nähe gerückt ist, muß die Verwertung des eingesetzten Stickstoffs in der Tierproduktion von Grund auf verbessert werden.

Problemstellung

Die Assimilation von anorganischem Stickstoff – Nitrat, Ammonium – durch die höhere Pflanze ist für das Leben von ähnlich fundamentaler Bedeutung wie die Assimilation von Kohlenstoff. Neue enzymologische und molekulare Methoden machen den Mechanismus der Stickstoffassimilation, d.h. die Abfolge der molekularen Einzelschritte und ihre Regulation, der Physiologie zugänglich. Dies ist nicht nur von theoretischem Interesse. Über die Grundlagenforschung hinaus stellt die Erforschung der Aufnahme und Assimilation von anorganischem Stickstoff eine praktisch bedeutsame Aufgabe dar. Stickstoff ist ein entscheidender Produktionsfaktor und wird in der Landwirtschaft in gewaltigen Mengen zur Ertragssteigerung eingesetzt. Darüber hinaus erfolgt durch Verbrennungsprozesse eine erhebliche Freisetzung oxidierter Stickstoffverbindungen (NO_x) in die Atmosphäre/Biosphäre. Diese vom Menschen bewirkten Störungen des natürlichen Stickstoff-Kreislaufs bringen gravierende Umweltprobleme mit sich. Die Nitratbelastung des Grundwassers durch die Landwirtschaft und durch NO_3^--Deposition gilt als besonders bedenklich, aber neuerdings finden auch die Ammoniak-Emissionen aus Tierhaltung, Wirtschaftsdüngern, Kläranlagen und Deponien verstärkte Aufmerksamkeit. Diese Emissionen gelangen als Ammoniumdeposition auf die Erdoberfläche zurück.

Vielerorts dürfte bei naturnahen, nicht-agrarischen Ökosystemen die critical load für Stickstoff bereits überschritten sein (Mohr und Lehn 1994). Als critical load bezeichnet man die Depositionsschwelle (Expositionsschwelle) für einen Stoff, unterhalb derer nach dem gegenwärtigen Kenntnisstand keine schädlichen Wirkungen auf die Umwelt zu erwarten sind. Als critical load für bewirtschaftete, gut wüchsige Waldökosysteme mit Stammholzentnahme gilt in Mitteleuropa eine Deposition von ca. 12 kg N/ha·a. Die N-Deposition in den Nadelwäldern in Baden-Württemberg – von Natur aus < 1 kg/ha·a – liegt heute in der Regel über der critical load. Etwa 50% des Stickstoffs wird als NH_4^+-N deponiert, die andere Hälfte als NO_3^--N (Mohr und Lehn 1994). Zu den Konsequenzen eines überhöhten N-Eintrags zählen u.a. Nitrat in Quell- und Sickerwässern von Waldbeständen, neuartige Waldschäden (Mohr 1993), vermehrte Bildung von N_2O und Veränderungen im Artenspektrum (Plachter 1991).

Die derzeitige Stickstoffbelastung der Biosphare paßt nicht zum Bild einer auf Nachhaltigkeit zielenden Wirtschaft. Der momentane Zustand ist nicht zukunftsfähig.

Umweltpolitische Strategien zur Lösung der Stickstoffproblematik (Scheele et al. 1992) bedürfen der Ergänzung durch einen entsprechend verbesserten Pflanzenbau. Dies gilt sowohl für Agrar- als auch für Forstbetriebe. Besonders gefordert ist bei der Umsetzung auch die Pflanzenzüchtung. Ihr obliegt die Entwicklung von Sorten, die an die veränderten Rahmenbedingungen besser angepaßt sind. Die detaillierte Formulierung von Züchtungszielen setzt jedoch voraus, daß der Mechanismus der Aufnahme und Assimilation von anorganischem Stickstoff auch im einzelnen bekannt ist. Insbesondere kommt es darauf an, Schwachstellen der Nitratreduktion und der Ammoniumassimilation zu identifizieren, an denen die Züchtung (konventionelle oder Gentechnik-gestützte) mit der Zielsetzung ansetzen kann, Kultivare zu schaffen, die mit geringeren Stickstoffgaben auskommen (Agrarflächen) bzw. überhöhte N-Depositionen verstärkt assimilieren (Waldökosysteme).

Der terrestrische Stickstoffkreislauf

Neben Kohlenstoff, Wasserstoff und Sauerstoff ist Stickstoff der am häufigsten vorkommende Baustein der belebten Natur. Stickstoff (N) ist wesentlicher Bestandteil von Proteinen, Nukleinsäuren, Porphyrinen sowie ihren Metaboliten (Vorstufen und Abbauprodukten). Demgemäß ist N mit bis zu 3% an der pflanzlichen Trockenmasse beteiligt (Mengel 1991). Charakteristisch ist, daß Stickstoff in den Biomolekülen nur in reduzierter Form vorkommt.

Wie bei anderen Nährelementen sind auch die Stickstoff-Umsetzungen Teil eines Kreislaufs (Abb. 1). Anorganischer Stickstoff wird von der Pflanze assimiliert und in organischer Verbindung über die verschiedenen Nahrungsketten auf die gesamte Biosphäre verteilt. Der Mensch ist, wie alle anderen tierischen Lebewesen, auf organisch gebundenen Stickstoff und damit auf die N-Assimilationsleistung der autotrophen Pflanzen angewiesen.

Die N-haltigen organischen Verbindungen werden von Destruenten abgebaut. Der Stickstoff wird bei der Mineralisation als Ammonium freigesetzt. In der Regel findet durch chemolithoautotrophe Bakterien eine rasche Umwandlung von Ammonium zu Nitrat statt. Da dieser Prozeß (Nitrifikation) lediglich unter ungünstigen

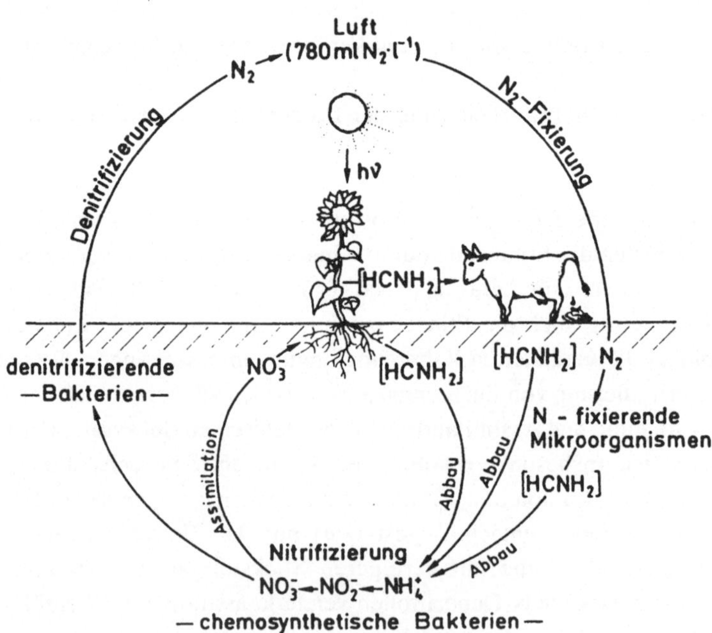

Abb. 1. Der Kreislauf des terrestrischen Stickstoffs in der Natur. Der Kreislauf zwischen organischem (-NH$_2$) und anorganischem (NO$_3^-$) Stickstoff steht über Denitrifikation und N$_2$-Fixierung mit dem N$_2$ der Atmosphäre in Verbindung. (nach Mohr und Schopfer 1992)

Bedingungen (z.B. bei stark sauren pH-Werten der Pedosphäre, Trockenheit, Kälte, Sauerstoffmangel) behindert ist, stellt Nitrat in der Regel die dominierende Form pflanzenverfügbaren Stickstoffs dar. Von der photoautotrophen Pflanze wird das Nitrat wieder assimiliert, womit sich der (kleine) Kreislauf des Stickstoffs schließt.

Der terrestrische Stickstoffkreislauf ist, wie alle biologischen Kreisläufe, nicht geschlossen, sondern steht an mehreren Stellen mit dem N_2-pool der Atmosphäre in Verbindung. N-Verluste aus dem terrestrischen Kreislauf entstehen durch die denitrifizierende Aktivität aerober Bodenbakterien und -pilze. Diese Mikroben verwenden in schlecht durchlüfteten Böden das Nitrat-Ion als Sauerstoffquelle und entlassen hauptsächlich N_2, aber auch NO und N_2O in die Atmosphäre (Isermann 1993). Auf diese Weise werden unseren Böden jährlich 20-30 kg N pro Hektar entzogen. Weitere Verluste entstehen durch Auswaschung von Nitrat ins Grundwasser bzw. in Oberflächengewässer und letztendlich ins Meer.

Die Verluste werden unter natürlichen Bedingungen durch die biologische N_2-Fixierung symbiontischer und freilebender Prokaryoten kompensiert. Diese Bakterien und Cyanobakterien sind in der Lage, das N_2 der Atmosphäre zu Ammonium zu reduzieren und so den Stickstoff wieder in die Biosphäre einzubringen.

Auswirkungen erhöhter Stickstoffeinträge in die Biosphäre

Durch den wirtschaftenden Menschen werden in den Industriestaaten erhebliche Mengen an N-haltigen Verbindungen zusätzlich in den Stickstoffkreislauf eingebracht, die zu Staus und zu Verschiebungen der pool-Größen innerhalb des Kreislaufs führen. Die technische N_2-Fixierung durch das Haber-Bosch-Verfahren, im wesentlichen zur Herstellung von Pflanzendünger, die Energiegewinnung aus fossilen Energieträgern, verbunden mit einem Ausstoß von Stickoxiden (NO_x), sowie der weltweit verstärkte Anbau stickstoffixierender Leguminosen spielen dabei die größte Rolle.

Die Emission an Stickoxiden (NO_x) ist in den letzten Jahrzehnten – bedingt durch die Zunahme der technischen Verbrennungsprozesse – stark gestiegen. Entsprechendes gilt für die Freisetzung von Ammoniak (NH_3) aus der Landwirtschaft. NO_x und NH_3 gelangen, in der Regel in Form von Nitrat und Ammonium, mit den Niederschlägen oder als trockene Deposition wieder auf die Erdoberfläche zurück. Dadurch stieg die Stickstoffdeposition über Europa in den letzten Jahrzehnten ständig an. In den Niederlanden, die die höchsten Depositionswerte aufweisen, werden durchschnittliche Einträge von 50-75 kg N/ha·a (Spitzenwerte bis 200 kg N/ha·a) gemessen. Der derzeitige Stickstoffeintrag in Baden-Württemberg liegt zwischen 8.5 und 50 kg N/ha·a (Hochstein und Hildebrand 1992). In den Nadelwaldbeständen des Schwarzwaldes muß man mit Werten in der Größenordnung von 25 kg N/ha·a rechnen (Hepp und Hildebrand 1993).

Da die Waldbestände in unserer Region unter günstigen klimatischen Bedingungen einen Stickstoffbedarf von 5-12 kg N/ha·a besitzen, übersteigen die derzeitigen jährlichen Einträge den Bedarf erheblich. Dies bedeutet, daß viele Waldungen, wie die meisten anderen naturnahen Ökosysteme auch, mit Stickstoff mittlerweile annähernd gesättigt sein dürften.

Früher herrschte an vielen Standorten Mangel an anorganischen Stickstoffverbindungen, und Stickstoff war wachstumsbegrenzender Faktor der Pflanzen. Diese Situation hat sich nun grundlegend geändert. Stickstoff ist nicht mehr wachstumslimitierend, sondern regt im Gegenteil die Wachstumstätigkeit stark an, was zwangsläufig den Bedarf an anderen Mineralstoffen und Wasser erhöht. Aber gerade die pflanzenverfügbaren Vorräte an Mineralien wie Kalium und Magnesium sind an vielen Waldstandorten knapp, zumal die tendenziell zunehmende Bodenversauerung eine verstärkte Auswaschung von Kationen zur Folge hat und die ungünstige Situation gerade auf basenarmen Böden noch verstärkt. Es gilt heute als erwiesen, daß die vielerorts beobachtete sogenannte montane Vergilbung der Fichte in Zusammenhang mit einer Unterversorgung an Magnesium steht.

Ammonium gewinnt als Umweltschadstoff neuerdings immer mehr an Bedeutung, denn Zeitreihen haben ergeben, daß die Ammoniumeinträge in die Ökosysteme in den letzten Jahren stärker anstiegen als die Nitrateinträge und heute mehr als 50% der gesamten atmogenen Stickstoff-Deposition aus Ammonium-N besteht (Bobbink et al. 1992). Als besonders starker Ammonium-Emittent ist die Landwirtschaft mit den hohen Düngereinträgen und Vieh-Bestandesdichten zu nennen. Die heutigen Tierbestände wurden erst durch den Einsatz von Düngemitteln und Leguminosen zur Produktion von Futterpflanzen sowie durch den Import N-haltiger Futtermittel ermöglicht.

Der Stickstoffbedarf einer Pflanze kann im Prinzip auch durch eine Ammoniumernährung gedeckt werden, wobei eine erhebliche Einsparung an metabolischer Energie möglich ist, die bei einer Nitraternährung für die Reduktion des Stickstoffs aufgebracht werden muß (s. S. 22.). In der Tat nutzen viele Pflanzen Ammonium als Stickstoffquelle, alternativ zu Nitrat. Experimente mit ^{15}N-Isotopenmarkierung haben gezeigt, daß Ammonium von manchen Pflanzen schneller und in größeren Mengen aufgenommen werden kann als Nitrat. Im Gegensatz zu Nitrat beobachtet man beim Ammonium keine Auswaschung aus den Böden, da es eine große Affinität zu den negativen Ladungen der Bodenkolloide besitzt. Diese Eigenschaft des Ammoniums führt bei erhöhten Einträgen sogar zu einem Austausch anderer Kationen, wie z.B. Kalium, Kalzium und Magnesium und zu deren Auswaschung. Da NH_4^+ an der Wurzel gegen H^+ ausgetauscht wird, ist die Ammoniumaufnahme mit einer Ansäuerung der Rhizosphäre verbunden. Die zusätzlich bei der Nitrifikation des Ammoniums zum Nitrat freiwerdenden Protonen unterstützen die Versauerung des Bodens und den Verlust an Kationen aus den Böden weiter.

Tabelle 1. N-Bilanz 21 Tage alter Kiefernkeimlinge [mg N/Keimling]. Die Keimlinge wurden von Beginn der Anzucht auf den angegebenen Lösungen angezogen ($15mM\ NO_3^-$ oder NH_4^+). Kalium (K) wurde in Form von $0.63mM\ K_2SO_4$ verabreicht (aus Flaig und Mohr 1992)

Anzucht	Gesamt-N	NH_4^+-N	Glutamin-N	Protein-N
Kontrolle (Wasser)	458	11	22	346
KNO_3	513	10	14	409
$(NH_4)_2SO_4$	631	40	88	382
$(NH_4)_2SO_4$ + K	624	25	41	426
NH_4NO_3	683	36	130	368
NH_4NO_3 + K	693	26	65	444

Als repräsentative Fallstudie für die Folgen eines überhöhten NH_4^+-Angebots können die Beobachtungen an Kiefernkeimpflanzen gelten: ^{15}N-Isotopenmarkierungen zeigten, daß neben Nitrat auch Ammonium als N-Quelle genutzt werden kann. Die Koniferen nehmen etwa dreimal mehr NH_4^+ auf als NO_3^-. Bei einem hohen Angebot an Ammonium akkumuliert das primäre Assimilationsprodukt Glutamin in den Kiefern (Tabelle 1). Dadurch kommt es zu einer Störung der Ammoniumassimilation (vermutlich durch eine feedback-Hemmung der Glutaminsynthetase) und zu einer zellulären Anreicherung von Ammonium (Tabelle 1), die mit Nekrosen an Hypokotyl und Kotyledonarwirtel („Ammoniumtoxizität") einhergeht (Flaig und Mohr 1992).

Entscheidend für die Interpretation dieser Ergebnisse war die Tatsache, daß es bei den Keimlingen bei einem ständigen Ammoniumangebot zu einem Verlust von Kalium-Ionen aus der Pflanze kommt. Es wird offenbar Kalium gegen Ammonium ausgetauscht, was auch bei einem für Kiefern sonst optimalen Kaliumangebot zu einer relativen Unterversorgung mit Kalium führt (Flaig und Mohr 1992). Nun ist schon lange bekannt, daß bei einer ungenügenden Kalium-Versorgung die Proteinbiosynthese nicht effektiv arbeiten kann. Weiterhin spielen Kalium-Ionen eine Rolle bei der Metabolisierung und beim Transport von Aminosäuren (Mengel 1991). Durch eine zusätzliche Kaliumversorgung wird der Glutamin-pool wieder weitgehend geleert (Tabelle 1). Die Schlußfolgerung liegt nahe, daß die durch NH_4^+ bewirkten Kaliumverluste des Kiefernkeimlings zu den erhöhten Pegeln an freien Aminosäuren und Ammonium-Ionen sowie den damit verbundenen Schadsymptomen geführt haben.

Zusätzlich beobachtet man bei erhöhten Ammoniumkonzentrationen in der Bodenlösung sowohl beim Kiefernkeimling als auch bei anderen Pflanzen ein gesteigertes Sproß-Wurzel-Verhältnis, verbunden mit einer Reduktion des Feinwurzelwachstums (Boxman et al. 1991). Dies erschwert eine angemessene Versorgung des Sprosses mit Wasser und Nährionen zusätzlich. Das reduzierte Wurzelwachstum kann als ein kumulativer Effekt von gesteigerter Dissimilation von Kohlenhydraten, verstärkter Verlagerung von Kohlenstoff hin zu N-haltigen Verbindungen und deren gesteigertem Abtransport, in der Regel in Form von Aminosäuren, aus der Wurzel in den Sproß angesehen werden (Chaillou et al. 1994). Bei C_4-Pflanzen wie beispielsweise Mais tritt dieses Phänomen weniger ausgeprägt auf. Dies wird mit der größeren Verfügbarkeit von Kohlenstoff durch die effizientere C_4-Photosynthese für die beiden Prozesse Ammoniumassimilation und Wurzelwachstum erklärt (Cramer und Lewis 1993).

Ein weiterer wichtiger Gesichtspunkt im Hinblick auf die Stickstoff-Problematik ist die steigende Zahl von Menschen. Die Erdbevölkerung nimmt immer noch exponentiell zu und wird im Jahr 2000 ca. 6.5 Mrd. Menschen erreichen. Die Flächen an ertragsfähigem Ackerland zur Sicherstellung der Ernährung steigen jedoch nicht in gleichem Maß, sondern werden im Gegenteil durch Mißmanagement und Umweltzerstörung geringer. Der Bedarf an Nahrungsmitteln für die wachsende Bevölkerung muß deshalb im wesentlichen durch Ertragssteigerung gedeckt werden. Dies gilt im besonderen für die verschiedenen Getreide, über die etwa die Hälfte des Proteins und mehr als zwei Drittel des Gesamtbedarfs an Nahrung bereitgestellt werden (King 1991).

Neben den klimatischen Faktoren, die vom Menschen am wenigsten zu beeinflussen sind, hängt der Ertrag vor allem vom Genotyp der Agrarpflanze und von der Nährstoffversorgung ab. Die enorme Steigerung der Erträge in den letzten Jahrzehnten war nur durch den vermehrten Einsatz von stickstoffhaltigem Dünger möglich, denn in der Biosphäre ist pflanzenverfügbarer Stickstoff stets knapp gewesen, und in der Landwirtschaft war Stickstoff häufig ertragsbegrenzender Faktor.

Bei der Zielsetzung, hohe und hochwertige Erträge zu erwirtschaften, ist daher eine N-Düngung auf den Agrarflächen unerläßlich, denn es kommt bei einem Verzicht zu schweren Ertragseinbußen. Eine Stickstoff-Düngung kann in Form von organischem stickstoffhaltigem Material oder in mineralischer Form erfolgen. Mineralischer N-Dünger besitzt gegenüber organischem Dünger entscheidende Vorteile. Die Anwendung mineralischen N-Düngers erlaubt eine genauere Dosierung, da er in direkt pflanzenverfügbarer Form ausgebracht wird. Außerdem kann der Stickstoff der Kulturpflanze zu Zeiten angeboten werden, in denen eine rasche Aufnahme und Assimilation erfolgt. Im Gegensatz dazu wird organisch gebundener Stickstoff auch zu Zeiten (Frühjahr, Herbst) mineralisiert und als Nitrat freigesetzt, wenn kein oder nur ein geringer Bedarf seitens der Pflanzen besteht. Das Nitrat unterliegt dann der Auswaschung aus dem Boden.

Die Effizienz der N-Verwertung in der Pflanzenproduktion ist zwar generell hoch, trotzdem läßt es sich auch bei Einsatz von mineralischem Dünger nicht vermeiden, daß ein Teil des eingebrachten Stickstoffs in Form von Nitrat durch Auswaschung verloren geht (auf Agrarflächen durchschnittlich 50 kg N/ha·a, Isermann 1990). Im Frühjahr ist der Stickstoffbedarf besonders hoch, so daß im Interesse einer hohen Ertragsbildung zu dieser Jahreszeit eine N-Düngung erfolgen muß.

Bleibt es nach der N-Gabe kalt und fällt außerdem erhöhter Niederschlag, wird ein Teil des Mineralstickstoffs ins Grundwasser verlagert oder fließt mit dem Oberflächenwasser ab. Weiterhin wird am Ende der Vegetationsperiode nicht aller in pflanzlicher Substanz gebundener Stickstoff mit dem Ertragsgut geerntet, sondern ein Teil bleibt als stickstoffhaltiger Rückstand auf dem Acker zurück. Durch dessen Mineralisierung können schon kurz nach der Ernte beachtliche Nitrat-Austräge auftreten.

Die Ursache für die geringe Nitrat-Rückhaltekapazität der Böden liegt insbesondere in den ungünstigen physiko-chemischen Eigenschaften des Nitrat-Ions und der damit verbundenen geringen Adsorption an Bodenkolloide. Die Wechselwirkungen zwischen den Bodenkolloiden und dem Nitrat-Ion sind von Natur aus nur schwach, so daß das Nitrat nicht effektiv gebunden werden kann. Eine N-Eutrophierung der Gewässer und eine Belastung des Trinkwassers mit Nitrat sind oft die Folge.

In Baden-Württemberg mußten in den achtziger Jahren mehr als 380 Anlagen zur Trinkwassergewinnung stillgelegt werden. Rund jede vierte Stillegung wurde durch Nitrat allein oder in Verbindung mit anderen qualitativen Problemen verursacht. Im Jahre 1989 entsprachen mehr als 5% der Trinkwassergewinnungsanlagen Baden-Württembergs nicht mehr den Anforderungen, wenn man den für Trinkwasser geltenden Grenzwert für Nitrat (50mg/l) zugrunde legt (Rommel 1992).

Aufgrund des hohen Energieverbrauchs bei der N-Düngemittelherstellung und den nachteiligen Auswirkungen einer Nitratverschmutzung der Umwelt muß es daher das Ziel sein, eine möglichst effiziente Nutzung des Stickstoffangebots durch die Pflanze zu erreichen. Gleichzeitig müssen aber auch die landwirtschaftlichen Erträge weiterhin gesteigert werden. Diesen Anforderungen kann man auf der Stufe der Kulturpflanzen und Waldbäume mit einer Optimierung der N-Assimilationsleistung gerecht werden. Notwendige Voraussetzung dafür ist die präzise Kenntnis des Mechanismus der Nitrat-/Ammoniumassimilation sowie der Faktoren, die diesen Prozeß beeinflussen und steuern. Mit Mechanismus meint man in diesem Zusammenhang die Abfolge der molekularen Einzelschritte sowie deren strukturelle Einbindung und Regulation.

Gentechnik-gestützte Pflanzenzüchtung

In der Vergangenheit befaßten sich viele Pflanzenphysiologen damit, die optimale Nährstoffversorgung für eine gegebene Agrar- oder Forstpflanze zu finden, um darauf aufbauend durch gezielte Düngung die Vitalität, das Wachstum und den Ertrag zu verbessern.

Heute steht die Frage nach der Effizienz, mit der eine Spezies oder eine Sorte die Nährstoffe sich aneignen und verarbeiten kann, im Vordergrund. Dies gilt aufgrund seines intensiven Einsatzes vor allem für das Nährelement Stickstoff.

Die Effizienz der N-Aneignung einer Pflanze wird durch den Wurzelhabitus, die Differenzierung des Stickstoffaufnahmesystems und durch Wurzelausscheidungen, die regulierend auf den Ionenaustausch zwischen Wurzel und Boden wirken, beeinflußt. Für die Verwertung von Stickstoff spielen im wesentlichen drei Gesichtspunkte eine Rolle (Duncan und Baligar 1990):

- Pegel und Aktivität der Stickstoff-verarbeitenden Enzyme,
- Mobilisierung und Translokation von Stickstoff-haltigen Verbindungen,
- Speicherung von Stickstoff-haltiger Substanz.

Für die experimentelle und züchterische Bearbeitung dieser Aspekte sind Techniken erforderlich, welche die zugrundeliegenden Mechanismen auf zellulärer Ebene aufzeigen können. Die Beobachtung von Wachstum und Ertragsbildung unter Variation externer Faktoren kann hierfür nur eine erste Stufe darstellen.

Der Metabolismus eines Nährelementes in der Pflanze hängt von der Menge und Aktivität der beteiligten Transportproteine und der verarbeitenden Enzyme ab. Die Aktivität kann durch verschiedene Faktoren wie Substrat- oder Produktkonzentration, allosterische Regulatoren oder durch kovalente Modifikation des Enzymproteins reguliert werden. Diese Arten der Regulation sind bei verschiedenen Stoffwechselwegen weitverbreitet und erlauben eine Aktivierung bzw. Hemmung der Umsetzungsprozesse innerhalb von wenigen Minuten.

Ein zweiter prinzipieller Weg der Regulation stellt die Kontrolle der Expression jener Gene dar, die für Transportproteine oder verarbeitende Enzyme kodieren. Mit Genexpression meint man in diesem Zusammenhang die Prozeßabfolge von der Transkription eines Gens bis hin zum Erscheinen des funktionsfähigen Proteins an dem ihm zukommenden Ort innerhalb der Zelle.

Alle Gene enthalten spezifische Basen-Sequenzen, sogenannte Motive, die mit DNA-bindenden Proteinen und anderen Transkriptionsfaktoren in Wechselwirkung treten. Eine solche Interaktion führt zu einer geänderten Transkriptionsrate und hat dadurch einen positiven oder auch negativen Effekt auf die Expression des entsprechenden Gens. Wenige DNA-bindende Proteine können ganze Stoffwechselwege kontrollieren, denn ein einzelnes Sequenz-Motiv, das mit einem bestimmten DNA-bindenden Protein in Wechselwirkung tritt, kann in Promotoren von unterschiedlichen Genen enthalten sein. Tatsächlich existieren innerhalb der Promotorregion mehrere verschiedene Motive. Durch Permutation mehrerer, unterschiedlicher DNA-bindender Proteine koordiniert eine begrenzte Zahl von Transkriptionsfaktoren die Expression einer großen Zahl von Genen. Der Erforschung der Promotoren und der intrazellulären Signale, die sie steuern, wird deshalb eine große Bedeutung für die Aufklärung der Regulation auch des Stickstoffhaushaltes beigemessen. Mit Hilfe molekularbiologischer Verfahren können die Gene und die regulierenden Faktoren identifiziert werden. Damit wird die Grundlage für biochemische und physiologische Untersuchungen geschaffen.

Tabelle 2. Methodische Voraussetzungen für eine Gentechnik-gestützte Pflanzenzüchtung. (verändert nach Duncan und Baligar 1990)

- Herstellung von Genbibliotheken
- Identifizierung von Genen und deren Genprodukten
- Klonierung und Isolierung von Genen
- Genexpression in heterologen Systemen
- Lokalisierung und Detektion der Gene, deren mRNAs und Genprodukte
- Konstruktion von chimären Genen mit geeigneten Kontrollsequenzen
- Einschleusung fremder Gene in einzelne Pflanzenzellen
- Regeneration transgener Pflanzen aus transgenen Zellen
- Inaktivierung bereits existierender Gene

Zusätzlich wird auch die Gentechnologie zur Aufklärung der Mechanismen der Genexpression eingesetzt. Die Gentechnik schließt alle Techniken zur Isolierung, Charakterisierung, Veränderung, Vermehrung und Übertragung von Erbgut ein (Tabelle 2). Sie liefert damit die Chance, gezielt in die Struktur, den Ablauf und die Regulation der Stoffwechselprozesse einzugreifen und damit die Bedeutung jedes einzelnen Reaktionsschrittes am Gesamtprozess aufzuklären. Die in diesem Zusammenhang gewonnenen Erkenntnisse geben dann dem Pflanzenzüchter die Möglichkeit, mit herkömmlichen Methoden oder durch eine Gentechnik-gestützte Züchtung regulierend in Stoffwechselprozesse einzugreifen, um die Pflanzen genetisch den vorgegebenen Rahmenbedingungen anzupassen.

Die Gentechnik kann die bisherige Pflanzenzüchtung natürlich nicht ersetzen, dennoch können zahlreiche Züchtungsziele mit Hilfe der Gentechnik schon jetzt – und in naher Zukunft in verstärktem Umfang – rascher und effizienter erreicht werden (Hahlbrock 1991). Man benötigt etwa den Zeitraum von 15 Jahren, um bei Agrarpflanzen eine neue Sorte auf klassischem Weg zu züchten. Mit gentechnologischen Methoden kann das gleiche Ergebnis in wesentlich kürzerer Zeit erzielt werden. Der Grund dafür liegt in der gezielten Übertragung einzelner oder einiger weniger, eine spezifische Funktion tragender Gene in eine bereits weitgehend optimierte Kulturpflanze. Als paradigmatisches Beispiel gilt die Übertragung eines Gens für hohe Krankheitsresistenz von einer Wildpflanze auf eine Kulturpflanze. Die bei der klassischen Züchtung unvermeidbare Durchmischung des Erbguts beider Kreuzungspartner erfordert hingegen einen zeitlich und räumlich aufwendigen Rückkreuzungsprozeß, um die ursprünglichen Eigenschaften der Hochleistungspflanze zusammen mit dem neu eingekreuzten Merkmal wieder zu gewinnen.

Die Gentechnik bietet weiterhin die nicht zu unterschätzende Möglichkeit, Eigenschaften über Artgrenzen hinaus zu transferieren, was bei der klassischen Züchtung aufgrund von Inkompatibilitätsgrenzen häufig nicht möglich ist. Der Transfer bakterieller oder viraler Gene, die Schutz vor Fraßfeinden bieten oder die Wahrscheinlichkeit einer Virusinfektion herabsetzen, wurde bereits erfolgreich an Kulturpflanzen durchgeführt.

Es wäre utopisch zu glauben, die Gentechnik könne die Hungerprobleme der heutigen Welt oder die Folgen der Bevölkerungsexplosion lösen. Aber zweifellos bietet die Gentechnik eine der wenigen Chancen, Kulturpflanzen derart zu manipulieren, daß Nahrungsmittel mit einem geringeren Einsatz an Energie und Chemie als bisher produziert werden können.

Im folgenden soll dieses Potential im Fall der Stickstoffernährung/N-Assimilation der höheren Pflanze beurteilt werden. Dabei geht es weniger um die Frage, ob und wie eine angestrebte metabolische Umsteuerung methodisch durchführbar ist, sondern um die Frage, an welchen Stellen des N-Stoffwechsels ein gentechnologischer Eingriff sinnvoll erscheint, um positive Auswirkungen auf die Effizienz der N-Nutzung zu erzielen. Dazu wird der jeweilige aktuelle Kenntnisstand über die einzelnen Faktoren und Prozesse dargestellt und gegebenenfalls die Möglichkeiten gentechnologischer Eingriffe und ihrer Auswirkungen auf Stoffwechsel und Physiologie diskutiert.

Ziel der Studie ist es, vielversprechende Ansatzpunkte für gentechnische Methoden mit der Zielrichtung besserer Stickstoffeffizienz aufzuzeigen. Potentielle Risiken eines Einsatzes solcher Züchtungsmethoden müssen immer für den betrachteten Einzelfall abgeschätzt werden. Das kann diese Studie nicht leisten. Sie geht davon aus, daß das novellierte Gentechnikgesetz der Bundesrepublik Deutschland geeignete Rahmenbedingungen für einen verantwortungsvollen Umgang mit gentechnischen Methoden geschaffen hat.

Stickstoffaufnahme über die Pflanzenwurzel

Weltweit assimilieren die Landpflanzen etwa $1.4 \cdot 10^{12}$ kg Stickstoff pro Jahr. Davon werden über 90% in Form von anorganischem Stickstoff – Nitrat und Ammonium – aufgenommen. Der restliche Anteil wird durch die biologische N_2-Fixierung gedeckt (Paul und Clark 1988).

Eine wichtige Funktion der Wurzel ist die Aufnahme von Nährelementen aus einer verdünnten Bodenlösung. Eine besondere Bedeutung kommt in diesem Zusammenhang den Wurzelhaaren zu, die im wesentlichen die Ionen- wie auch die Wasseraufnahme bewerkstelligen.

Das Bodenvolumen, das von der sessilen Pflanze für den Erwerb von Nährelementen erschlossen werden kann, ist von der jeweiligen speziesspezifischen Wurzelmorphologie und -architektur abhängig. Die Größe, die Dichte und die Ausdehnung des Wurzelsystems, die Länge der Wurzelhaare sowie die Dynamik des Wurzelwachstums sind dabei entscheidende Parameter (Stewart 1993). Einer veränderten Mineralstoffversorgung begegnen die Pflanzen mit einer Änderung dieser

Charakteristika. Wie dieser Wandel des Wurzelsystems gesteuert wird und welche Gene daran beteiligt sind, ist noch völlig unklar. Ebenso ungeklärt sind die genetischen Grundlagen für die unterschiedliche Wurzelausbildung verschiedener Genotypen.

Unter naturnahen Bedingungen korreliert die Ionenaufnahme mit der Größe des Wurzelsystems. Bei einer optimalen Nährstoffversorgung hingegen ist die Ausdehnung des Wurzelsystems wenig ausschlaggebend. Tatsächlich beobachtet man bei der Züchtung von Hochleistungssorten zumindest bei Getreiden eine stete Vergrößerung des Sproß-Wurzel-Verhältnisses (Glass 1990). Aber gerade ein ausgedehntes Wurzelsystem, speziell eine erhöhte Wurzellänge, ist bei einem intensiven Einsatz von leicht auswaschbarem Dünger notwendig, um die Verluste so gering wie möglich zu halten: Eine Änderung der Wurzelmorphologie, die zu einer Durchwurzelung eines größeren Bodenvolumens führt, erlaubt eine Reduktion des Düngemitteleinsatzes (Atkinson 1990).

Eine Mycorrhizierung der Wurzel, die zu einer Vergrößerung der aufnehmenden Oberfläche führt, hat zumindest auf Agrarflächen keinen signifikanten Einfluß auf die Stickstoffversorgung der Kulturpflanzen, denn die Nitratkonzentrationen sind in der Regel so hoch, daß sich die Mycorrhiza nicht positiv auswirkt (Paul und Clark 1988). Für die Aneignung weniger leicht pflanzenverfügbarer Nährstoffe wie z.B. Phosphat hat eine Mycorrhizierung hingegen eine fördernde Wirkung und kann zu einem ertragsbestimmenden Faktor werden (Pepper und Bezdicek 1990). Insgesamt dürfte im Sinne einer Vergrößerung des Einzugsgebiets für Nährionen eine Mycorrhizierung von Vorteil sein.

Neben der Morphologie der Wurzel ist die Differenzierung des zellulären Aufnahmesystems eine entscheidende Einflußgröße für die Effizienz der Nährstoffaneignung.

Für die Aufnahme von Ammonium stehen der Pflanzenwurzel zwei Transportsysteme zur Verfügung. Bei einem geringen externen Ammoniumangebot wird NH_4^+ durch ein saturierbares Transportsystem in einem aktiven, energieverbrauchenden Prozeß aufgenommen (Wang et al. 1994). Dieses System zeichnet sich durch eine hohe Affinität für Ammonium-Ionen aus. Bei höheren NH_4^+-Konzentrationen in der Bodenlösung (> 1mM) kommt ein weiteres, nicht saturierbares Transportsystem ins Spiel, das eine deutlich geringere Affinität für Ammonium besitzt. Elektrophysiologische Studien sowie direkte Messungen des NH_4^+-Influx sprechen dafür, daß unter diesen Bedingungen Ammonium-N passiv, vermutlich durch Diffusion von NH_4^+ bzw. NH_3, in die Wurzelzellen gelangt (Ullrich et al. 1984, Wang et al. 1994).

Die Aufnahme von Nitrat erfolgt aktiv – sehr wahrscheinlich über einen H^+/NO_3^--Symport mit Hilfe von Carrierproteinen. Die Transportproteine für die Nitrataufnahme sind in die Cytoplasmamembran eingebettet und befördern das Nitrat entgegen dem elektrochemischen Potentialgradienten in die Zelle. Es sind bei der

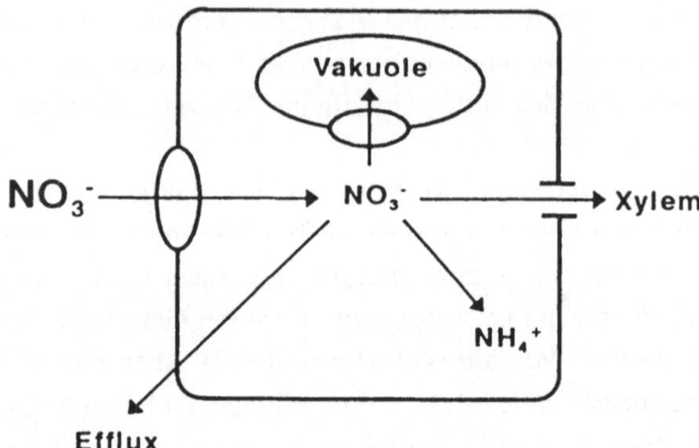

Abb. 2. Wege des Nitrat-Ions, nach Aufnahme durch eine Epidermiszelle der Pflanzenwurzel. (aus Redinbaugh und Campbell 1991)

Nitrataufnahme mindestens zwei verschiedene – durch Nitrat induzierbare – Transportsysteme beteiligt (Aslam et al. 1992, Watt et al. 1993). Das eine besitzt eine hohe Affinität für Nitrat und eine geringe Transportkapazität und ist bereits bei Nitratkonzentrationen von 100mM gesättigt. Das andere System arbeitet mit hoher Kapazität bei Nitratkonzentrationen über 1mM, hat aber eine geringere Affinität für Nitrat und scheint nicht saturierbar zu sein (Breteler und Nissen 1982). Die Pflanze ist damit gut an die Nutzung eines schwankenden Nitratangebots angepaßt. Herrschen geringe Nitratkonzentrationen am Standort vor, und dies war unter naturnahen Bedingungen weitgehend der Fall, kann Nitrat sehr effizient aufgenommen werden. Bei in aller Regel kurzzeitig hohen Nitratkonzentrationen wird jenes System verwendet, das zwar nur eine geringe Affinität für Nitrat besitzt, dafür aber hohe Flüsse zuläßt (Mohr 1990).

Neben diesen beiden durch Nitrat induzierbaren Carriern, deren Induktion zum Teil durch posttranskriptionelle Regulationsmechanismen modifiziert wird (Watt et al. 1993), kommt offenbar noch ein konstitutiv vorhandenes Aufnahmesystem mit sehr hoher Affinität für Nitrat vor. Diesem System wird eine Bedeutung bei der Induktion der induzierbaren Carrier zugeschrieben.

Einmal von den Epidermiszellen der Pflanzenwurzel aufgenommen, unterliegt das Nitrat einem vielfältigen Schicksal (Abb. 2). Zum einen beobachtet man einen Efflux des Nitrats zurück in den Apoplasten und in die Bodenlösung. Die Effluxraten steigen mit der intrazellulären NO_3^--Konzentration; es scheinen aber die Mechanismen von Influx und Efflux verschieden zu sein.

Zum anderen wird das Nitrat in die Vakuole der Zelle transportiert, wo es bis zu Konzentrationen von 100mM akkumuliert werden kann, während im Cytoplasma nur Konzentrationen von weniger als 5mM gemessen werden (Zhen et al. 1991).

Möglicherweise wird dadurch dem Efflux des Nitrats zurück in den Apoplasten entgegengewirkt. Die Akkumulation von Nitrat in den Vakuolen erfolgt nicht nur in den Wurzelzellen, sondern ebenfalls in den Blättern. Der intrazelluläre Transport des Nitrats in die Vakuole erfordert ein Transportprotein (Abb. 2), das vermutlich von dem der Cytoplasmamembran verschieden ist.

Die beiden Nitratpools (Vakuole, Cytoplasma) unterscheiden sich in ihrer physiologischen Bedeutung. Man geht davon aus, daß allein das cytoplasmatische Nitrat metabolisch aktiv ist. In der Vakuole akkumuliertes Nitrat ist aber keineswegs ein Langzeitspeicher für Stickstoff, sondern kann innerhalb weniger Tage metabolisiert werden (Chapin et al. 1988). Es wurde oft die Vermutung geäußert, die Nitratakkumulation in der Pflanze spiegelte lediglich eine höhere Aufnahme im Vergleich zur Kapazität der Nitratreduktion wider. Andererseits wurde beobachtet, daß Nitrat in einigen Spezies selbst dann noch akkumuliert, wenn deren Wachstum durch das Stickstoffangebot limitiert ist. Viel wahrscheinlicher erscheint deshalb, daß der Speicherung von Nitrat eine spezifische physiologische Rolle zukommt.

Nitrat kann direkt in der Wurzel zu Ammonium reduziert und assimiliert werden, was je nach Spezies mehr oder weniger intensiv geschieht und einen entsprechenden Anteil an der Gesamt-N-Assimilation der Pflanze ausmacht.

Schließlich kann das Nitrat auch über den Symplasten zu den Xylembahnen transportiert werden, um anschließend dem Sproß zugeführt und dort reduziert und assimiliert zu werden.

Sowohl biochemische als auch physiologische Ergebnisse sprechen dafür, daß es sich bei den NO_3^--Transportproteinen der peripheren Nitrataufnahme und der interzellulären Translokation um unterschiedliche Proteine handelt. Über die Molekularbiologie der intra- und interzellulären Nitrat-Transportprozesse ist jedoch nur wenig bekannt, was auch darauf zurückzuführen ist, daß Analogiemodelle bei Prokaryoten und einzelligen Eukaryoten fehlen.

Obwohl die plasmamembranständigen Nitrat-Transportproteine höherer Pflanzen elektrophysiologisch und regulatorisch gut charakterisiert sind, gestaltete sich die Isolierung dieser Carrier als schwierig. Die geringen Mengen der Proteine sowie die allgemein schwierige Handhabung von Membranproteinen dürften dafür ausschlaggebend sein. Erst kürzlich gelang es, die Gene eines Nitrattransportproteins aus der einzelligen Grünalge *Chlamydomonas reinhardtii* (Quesada et al. 1994) und aus *Arabidopsis thaliana* – der Modellpflanze der Molekularbiologen – zu isolieren (Tsay et al. 1993). Es handelt sich bei *Arabidopsis* vermutlich um jenes Nitrattransportprotein, das die Aufnahme von Nitrat über die Cytoplasmamembran mit geringer Affinität durchführt. Ausgehend von den Kenntnissen, die beim Nitrat-Aufnahmeprotein erworben wurden, müssen nun vor allem die Translokatoren für den intra- und interzellulären NO_3^--Transport kloniert und molekular untersucht werden.

Nach der Klonierung dieser Gene wird es mit Hilfe der Gentechnik vermutlich möglich sein, diese Gene vermehrt zu exprimieren und Pflanzen mit einem gesteigerten Potential zur Nitrataufnahme und zum Nitrattransport zu gewinnen. Im Prinzip stehen dazu zwei Ansätze zur Verfügung. Zum einen kann die Expression der Proteine für den Nitrattransport modifiziert werden, und zwar sowohl in seinem quantitativen Ausmaß als auch zeit- und gewebespezifisch. Zum anderen ermöglicht eine gezielte Mutagenese der Strukturgene die spezifische Veränderung der funktionellen Eigenschaften der Transportproteine. Im Moment ist es aber schwer zu beurteilen, ob damit tatsächlich eine schnellere und möglichst vollständige Aufnahme, auch bei geringen Gaben an Nitrat, erzielt werden kann, was insbesondere für die Landwirtschaft von Bedeutung wäre. Für die Forstwirtschaft ist eine verbesserte N-Aufnahme eher problematisch, da durch die Stickstoff-bedingte, gesteigerte Wuchsleistung andere Faktoren, wie z.B Kalium, Magnesium oder Wasser ins Minimum geraten (Mohr 1993).

Das Reaktionsgeschehen der Nitratassimilation

Der Erwerb von Stickstoff ist eng mit biochemischen und physiologischen Prozessen wie z.B. Proteinsynthese und Wachstum verknüpft, da Stickstoff ein integraler Bestandteil zentral wichtiger Biomoleküle wie Nukleinsäuren und Proteine ist. Stickstoff kommt in diesen Verbindungen ausschließlich in reduzierter Form vor. Die Assimilation von aufgenommenem Nitrat (Nitrat $\rightarrow$ Ammonium $\rightarrow$ Aminosäuren) durch die Pflanze stellt einen zweistufigen Prozess dar, der in die Nitratreduktion und die sich anschließende Ammoniumassimilation gegliedert werden kann (Abb. 3).

Die Nitratreduktion
Die Reduktion des Nitrats zum Ammonium erfolgt in zwei Reaktionsschritten, die von den Enzymen Nitratreduktase (NR) und Nitritreduktase (NiR) katalysiert werden (Abb. 3). Die im Cytoplasma der Zelle lokalisierte Nitratreduktase führt die Reduktion des Nitrats zum Nitrit unter Verbrauch von reduzierten Pyridinnukleotiden durch:

$$NO_3^- + NAD(P)H + H^+ \rightarrow NO_2^- + NAD(P)^+ + H_2O \qquad (1).$$

Der direkt folgende Reduktionsschritt vom Nitrit zum Ammonium – katalysiert durch die Nitritreduktase – ist in den Plastiden der Pflanzenzelle lokalisiert. Das Nitrit wird dazu, wahrscheinlich vermittelt durch ein Transportprotein, in die Plastiden transferiert (Cresswell et al. 1990).

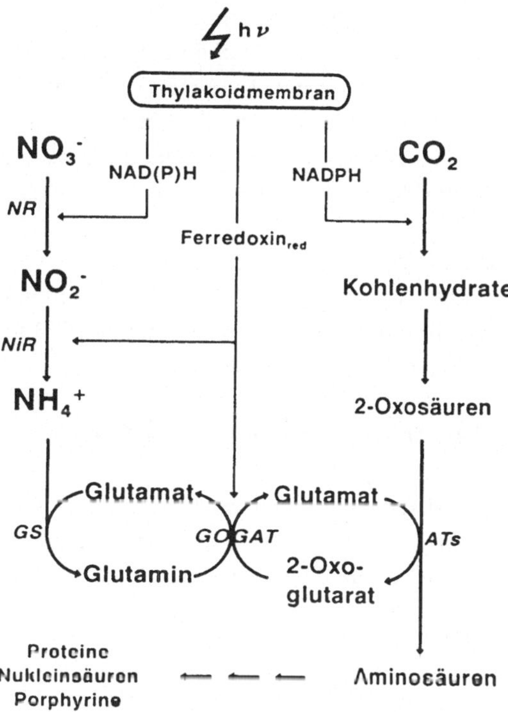

Abb. 3. Reaktionssequenz der Nitratreduktion und Ammoniumassimilation in der grünen Pflanze. NR, Nitratreduktase; NiR, Nitritreduktase; GS, Glutaminsynthetase; GOGAT, Glutamat-Oxoglutarat-Aminotransferase = Glutamatsynthase; ATs, Aminotransferasen.

Die von der NiR bewirkte Reaktion ist einer der wenigen biologischen Prozesse (neben der Sulfitreduktase-Reaktion), bei denen 6 Elektronen übertragen werden:

$$NO_2^- + 6 \text{ Ferredoxin}_{(red)} + 8 H^+ \rightarrow NH_4^+ + 6 \text{ Ferredoxin}_{(ox)} + 2 H_2O \qquad (2).$$

Als Elektronendonor fungiert im Fall der Nitritreduktion reduziertes Ferredoxin. Dieses wird in den grünen Teilen der Pflanze im nichtcyclischen Elektronentransport der Photosynthese regeneriert. In Wurzeln und anderen heterotrophen Organen dagegen erfolgt die Regeneration des Ferredoxins über eine Ferredoxin-$NADP^+$-Oxidoreduktase, die aus dem oxidativen Pentosephosphat-Cyclus mit Reduktionsäquivalenten versorgt wird. Während die Genexpression des Ferredoxins der Blätter durch Licht induziert wird, erfolgt eine Induktion des in seiner Primärstruktur etwas unterschiedlichen Wurzel-Ferredoxins durch Nitrat (Bowsher et al. 1993).

Bis auf wenige Ausnahmen, bei denen die Nitratreduktion auf Wurzel bzw. Sproß allein beschränkt ist, findet man bei den photoautotrophen Pflanzen die Reduktion des Nitrats auf beide Organe verteilt. Entgegen der früher vorherrschenden Meinung, daß bei holzigen Pflanzen lediglich die Wurzel an der Nitratassimilation beteiligt ist, zeigte sich neuerdings, daß die Fähigkeit zur Reduktion des Nitrats auch in den Blättern (Nadeln) vorliegt (Smirnoff et al. 1984, Seith et al. 1994b).

Die Ammoniumassimilation

Die Überführung des Ammoniums in organische Verbindung erfolgt in den Chloroplasten durch die Enzyme Glutaminsynthetase (GS) und Glutamatsynthase (= Glutamat-Oxoglutarat-Aminotransferase, GOGAT):

$$\text{Glutamat} + \text{ATP} + \text{NH}_4^+ \rightarrow \text{Glutamin} + \text{ADP} + \text{P}_i + \text{H}_2\text{O} \qquad (3).$$

Ammonium wird – katalysiert durch das Enzym Glutaminsynthetase – in einem Energie- (ATP-) verbrauchenden Prozess auf Glutamat übertragen und taucht im Glutamin als Amidgruppe auf. Die darauf folgende Glutamatsynthase-Reaktion führt die reduktive Übertragung der Amidgruppe des Glutamins auf 2-Oxoglutarat durch:

$$\text{Glutamin} + 2\text{-Oxoglutarat} + 2\ \text{Ferredoxin}_{(red)} \rightarrow 2\ \text{Glutamat} + 2\ \text{Ferredoxin}_{(ox)} \quad (4).$$

Die benötigten Reduktionsäquivalente werden, wie bei der Reduktion des Nitrits zum Ammonium (vgl. Gl. 2), von reduziertem Ferredoxin zur Verfügung gestellt. Bei der Reaktion entstehen 2 Moleküle Glutamat, wobei stöchiometrisch eines als Substrat in die GS-Reaktion eintritt (Abb. 3).

Die 2-Aminogruppe des zweiten Glutamats kann zur Synthese weiterer Aminosäuren durch eine Vielzahl spezifischer Aminotransferasen verwendet werden. Allgemein betrachtet katalysieren Aminotransferasen die Übertragung der 2-Aminogruppe eines Donors auf einen Akzeptor, eine 2-Oxosäure. Bei dieser Reaktion wird der Donor selbst als 2-Oxosäure und der Akzeptor entsprechend als 2-Aminosäure freigesetzt:

$$\text{Glutamat} + 2\text{-Oxosäure (z.B. Pyr)} \rightarrow 2\text{-Oxoglutarat} + 2\text{-Aminosäure (z.B. Ala)} \quad (5).$$

Dient Glutamat als Donor-Aminosäure, so wird 2-Oxoglutarat für eine erneute Bindung von Ammonium regeneriert.

Regulation der pflanzlichen Genexpression durch Licht

Die Nitratassimilation, wie sie in den grünen Teilen der Pflanze abläuft, ist in zweifacher Weise direkt mit der Photosynthese verknüpft (Abb. 3). Die Reduktion des Nitrits und die anschließende Ammoniumassimilation benötigen Reduktionsäquivalente in Form von reduziertem Ferredoxin (Gl. 2 und 4), und die photosynthetische CO_2-Fixierung (Calvin-Cyclus) liefert jene Kohlenstoffgrundgerüste, aus denen die Aminosäuren entstehen (Gl. 5). Bis zu 13% der Photosynthesekapazität wird auf diese duale Weise für die Nitratassimilation eingesetzt (DeLa Torre et al. 1991). Unter normalen Lichtbedingungen ist das Angebot an Reduktionsäquivalenten für die Reduktion des Stickstoffs (vgl. Gl. 1, 2 und 4) völlig ausreichend und wird durch die Bedürfnisse der photosynthetische CO_2-Assimilation nicht beeinträchtigt (Robinson 1988).

In nichtgrünem Gewebe erfolgt die Versorgung mit Elektronen über die dissimilatorischen Prozesse von Glykolyse, mitochondriellen Dehydrogenasen und dem oxidativen Pentosephosphat-Cyclus.

Diese enge Abhängigkeit von N-Assimilation und Photosynthese macht eine zeitlich und räumlich koordinierte Expression der beteiligten Proteine zu einer zwingenden Notwendigkeit. Der entscheidende regulierende Faktor ist demgemäß das Licht.

Die Lichtmessung wird in der Pflanze jedoch nicht über den Photosyntheseapparat durchgeführt, wie man zunächst vermuten könnte, sondern über spezifische Sensorpigmente. Als Sensorpigmente bezeichnet man jene pflanzlichen Farbstoffe, deren Aufgaben in der Optimierung der pflanzlichen Entwicklung und Reproduktion liegen. Sie kommen in geringer Konzentration vor und absorbieren sichtbares Licht im Bereich zwischen 320 und 760 nm. Das vor allem im roten Spektralbereich wirksame Sensorpigment Phytochrom spielt gegenüber dem Cryptochrom und dem UV-B-Photorezeptor, die im blauen und ultravioletten Spektralbereich absorbieren, die dominierende Rolle. Phytochrom kommt in zwei photokonvertiblen Formen vor, P_r und P_{fr}. Im Dunkeln liegt nur das physiologisch inaktive P_r vor. Unter dem Einfluß von Licht (besonders wirksam ist hellrotes Licht) wird P_r in die physiologisch aktive Form P_{fr} transformiert. Von ihm geht die Signaltransduktionskette aus, die hin zu den kompetenten Zellfunktionen führt, zum Beispiel zu den Promotorregionen kompetenter Gene (Abb. 4). Es gilt heute als gesichert, daß Phytochrom nicht direkt mit der Promotorstruktur primär regulierter Gene interagiert, sondern daß dieser Prozeß durch eine Kaskade von Proteinen vermittelt wird. Als primär regulierte Gene sind solche Gene definiert, die sehr schnell, selektiv und ohne vorhergehende Proteinsynthese aktiv werden. Die Genprodukte primär regulierter Gene können dann selbst als Regulatoren für sekundär kontrollierte Gene wirken. Die Expression sekundär regulierter Gene erfordert eine intakte Proteinbiosynthese (Abb. 4).

$$P_r \rightleftharpoons P_{fr} \;\xrightarrow{\text{Signal-Transduktion}}\; \rightarrow\ \rightarrow\ \rightarrow\ \text{primär regulierte Gene} \;\xrightarrow{\text{Translation}}\; \rightarrow\ \rightarrow\ \rightarrow\ \text{sekundär regulierte Gene}$$

Abb. 4. Schema der phytochromregulierten Genexpression. Man geht davon aus, daß die Signaltransduktion vom cytosolisch lokalisierten Phytochrom über eine Kaskade von Proteinkinasen zu den Kerngenen erfolgt. (aus Mohr et al. 1992)

Ein weiterer wichtiger regulatorischer Faktor im Zusammenhang mit der N-Assimilation ist das Nitrat selbst. Ein analoges Modell der Signaltransduktion, mit Nitrat als Induktor, geht davon aus, daß ein Nitratsensorprotein (oder ein Nitratrezeptor) in der Plasmamembran Nitrat registriert und weitere Proteine aktiviert, die ihrerseits die Expression primär regulierter Gene, zum Beispiel die Expression der Nitratreduktase- oder Nitritreduktasegene induzieren (Redinbaugh und Campbell 1991).

Die Gene der an der Nitratassimilation beteiligten Proteine (Nitrattransportproteine, NR, NiR, GS, GOGAT, ATs) sind alle im Kern lokalisiert, obwohl die Mehrzahl der Genprodukte ihre enzymatische Funktion in den Plastiden ausüben. Diese Genprodukte werden nach ihrer Synthese im Cytoplasma in die Plastiden importiert.

Experimente mit Bleichherbiziden (z.B. Norflurazon) bzw. mit ribosomendefizienten Mutanten verschiedener Spezies, die dazu führen, daß keine intakten Chloroplasten ausgebildet werden, haben gezeigt, daß die Bildung kernkodierter Plastidenproteine von der Integrität der Plastiden abhängt (Oelmüller 1989). Dies bedeutet, daß ein Signal (Plastidenfaktor), das von heranreifenden, intakten Plastiden abgegeben wird, für die Expression kernkodierter Plastidenproteine erforderlich ist. Durch diesen regulatorischen „Trick" schafft es die Pflanzenzelle, die Expression aller am Aufbau eines voll funktionsfähigen Chloroplasten beteiligten Gene, die z. T. im Kern-, z. T. im Plastidengenom lokalisiert sind, zu koordinieren.

Die Nitratreduktase

Die Nitratreduktase ist das erste Enzym in der Reaktionssequenz der Nitratassimilation. Sie katalysiert die Reduktion von Nitrat zu Nitrit (vgl. Gl. 1). Der weitaus größte Teil der Nitratreduktase-Aktivität ist im Cytoplasma der Pflanzenzelle lokalisiert. Allerdings findet man auch geringe NR-Aktivitäten (weniger als 5% der Gesamtaktivität) in der Cytoplasmamembran. Die Funktion der membranassoziierten NR ist noch unklar. Die früher diskutierte Vermutung, die membrangebundene Nitratreduktase könnte mit dem Nitrataufnahmeprotein identisch sein, wurde durch die kürzlich gelungene Klonierung des cytoplasmamembranständigen Nitrattranslokators ausgeschlossen (Tsay et al. 1993, Quesada et al. 1994).

Die cytosolische Nitratreduktase höherer Pflanzen besteht aus zwei identischen Untereinheiten. Jede Untereinheit enthält drei prosthetische Gruppen FAD, Häm (Cytochrom b_{557}) und ein Molybdopterin (MoCo, Molybdän-Cofaktor), die eine intramolekulare Elektronentransportkette hin zum Nitrat bilden. Es gibt drei sehr ähnliche Formen der Nitratreduktase. Sie unterscheiden sich im Hinblick auf ihre Spezifität für reduzierte Pyridinnukleotide und verwenden entweder NADH oder NADPH als Elektronendonor. Einige NRs sind in der Lage, beide Pyridinnukleotide zu nutzen. NADH-spezifische Nitratreduktasen sind bei Algen und höheren Pflanzen weitverbreitet. NAD(P)H-bispezifische wurden nur bei wenigen Arten gefunden, z. B. bei der Birke (Friemann et al. 1991), während NADPH-spezifische NRs hauptsächlich bei Pilzen vorkommen (Solomonson und Barber 1990).

Die einzelnen prosthetischen Gruppen sind an funktionelle Domänen der NR Proteinsequenz gebunden. Mit artifiziellen Elektronendonoren und -akzeptoren können Teilbereiche des Elektronentransports getrennt analysiert werden. Auf diese Weise wurde unter anderem der Weg der Elektronen vom FAD über Häm zum Molybdopterin aufgeklärt.

Pflanzen, die auf nitratfreiem Medium wachsen, besitzen nur einen geringen Nitratreduktase-Pegel. Die Induktion der NR durch Nitrat wurde bereits vor 30 Jahren beobachtet. Die NR ist eines der wenigen substratinduzierbaren Enzyme der Pflanzen.

Detaillierte Untersuchungen haben ergeben, daß in den Blättern eine maximale Nitratinduktion nur erfolgt, wenn gleichzeitig Licht vorhanden ist. Jeder Faktor für sich allein bewirkt nur einen Teil des Gesamt-Anstiegs der Nitratreduktase-Aktivität, das heißt Nitrat und Licht wirken synergistisch auf die NR-Genexpression.

Als NR-Antikörper und NR-cDNAs verfügbar wurden, zeigte sich, daß die Induktion der NR-Aktivität auf eine de novo-Synthese von Nitratreduktase zurückzuführen ist. Ein Vergleich der Enzympegel mit den Mengen an translatierbarer NR-mRNA führte zu dem Schluß, daß eine Korrelation zwischen der Akkumulation von translatierbarer NR-mRNA und dem Erscheinen von aktivem Enzymprotein herrscht. Dies bedeutet, daß die Synthese der NR bereits auf der Stufe der Transkription an die Verfügbarkeit von Nitrat und Licht angepaßt wird (Schuster und Mohr 1990b).

Die Induktion der NR durch Nitrat erfolgt innerhalb von Minuten und läßt den NR-mRNA-Pegel bis auf den hundertfachen Wert ansteigen und zwar auch dann, wenn eine Proteinsynthese durch Inhibitoren verhindert wird. Daraus kann man schließen, daß die Induktionsmaschinerie konstitutiv vorhanden ist und daß vermutlich ein Induktionsfaktor in eine aktive Form überführt wird, wenn die Pflanze mit Nitrat in Kontakt kommt. Erste Ansätze zur Aufklärung des Mechanismus der Induktion der NR-Transkription sind erfolgversprechend. Jüngst gelang es, ein Gen zu klonieren, dessen Translationsprodukt (NTL1) große strukturelle Ähnlichkeit mit einem Regulatorprotein der NR-Genexpression aus Pilzen besitzt (Daniel-Vedele und Caboche 1993). Die molekulare Analyse der Nitratassimilation in Pilzen, zum Beispiel *Neurospora* oder *Aspergillus*, ist schon weiter fortgeschritten als bei höheren Pflanzen und wird deshalb oft als Analogiemodell verwendet (Crawford und Arst 1993).

NTL1 zeigt Wechselwirkungen mit der Promotorsequenz des Nitratreduktase-Gens von Tomate und Tabak. Da diese Resultate von in vitro-Experimenten stammen, müssen jetzt in vivo-Studien folgen, und die Regulation der Expression von NTL1 selbst muß aufgeklärt werden. Es ist geplant, die Expression der N-assimilierenden Enzyme in transgenen Pflanzen zu studieren, die durch das Unterbinden der NTL1-Expression kein intaktes NTL1-Genprodukt besitzen.

Die NR-Transkription wird durch Licht multipel reguliert (Lillo 1994). Zum einen wird die Transkription vom Sensorpigment Phytochrom (P_{fr}) kontrolliert. Zum anderen wirken auch Kohlenhydrate aus der Photosynthese stimulierend auf die Transkription der Nitratreduktase. Die NR-Genexpression wird durch Fruktose, Glucose und Saccharose – direkte Produkte der Photosynthese – gesteigert, während andere Kohlenhydrate ohne Wirkung sind (Cheng et al. 1992, Vincentz et al. 1993).

Aber auch reduzierte Stickstoffverbindungen sind an der Regulation der Nitratreduktase-Genexpression beteiligt. Glutamat oder Glutamin – primäre N-Metaboliten – können die NR-Genexpression reduzieren. Die physiologische Bedeutung der Regulation der Nitratreduktase-Genexpression durch C- und N-Metaboliten liegt in einer Optimierung des Verhältnisses von Stickstoff-haltigen Molekülen zu Kohlenhydraten innerhalb der Pflanzenzelle. Dies erscheint besonders wichtig in Wurzeln und Keimlingen, die ihren Bedarf an Reduktionsäquivalenten und freier Enthalpie ausschließlich durch den Kohlenhydrat-Metabolismus decken müssen.

Erstaunlicherweise ist auch der Plastidenfaktor an der Kontrolle der Nitratreduktase beteiligt (Mohr et al. 1992). Die NR ist das bisher einzige cytosolische Protein, für das eine Regulation durch den Plastidenfaktor nachgewiesen werden konnte. Nach einer photooxidativen Schädigung der Plastiden ist die NR-Genexpression bereits auf der Stufe der Transkription völlig unterbunden. Diese Art der Regulation wird teleonomisch vor dem Hintergrund verständlich, daß die NR ursprünglich ein plastidisches Protein war. Die Enzymfunktion muß, obwohl sie im Laufe der Evolution in das Cytoplasma verlagert wurde, mit der Chloroplastenfunktion koordiniert bleiben, denn dort wird das cytotoxische Nitrit reduziert und das Ammonium in organische Kohlenstoffverbindung eingebracht.

Obwohl Licht, Nitrat und der Plastidenfaktor die bedeutendsten Regulatoren der NR-Genexpression sind, spielen noch weitere Faktoren eine Rolle. So ist beispielsweise die NR-Aktivität diurnalen (tagesperiodischen) Schwankungen unterworfen. Der Anstieg der Aktivität zu Beginn und der Rückgang am Ende einer Lichtperiode korreliert mit entsprechenden Fluktuationen der mRNA Pegel, mit einem Maximum zum Ende der Dunkelperiode und einem Minimum am Ende der Lichtperiode. Es gibt Hinweise darauf, daß die tagesperiodischen Schwankungen durch einen Metaboliten der Nitratassimilation (möglicherweise Glutamin) vermittelt werden (Deng et al. 1991).

Im Gegensatz zu der NR-Expression in Pilzen inhibiert externes Ammonium die Induktion der NR grüner Pflanzen nicht, sondern steigert sie noch in manchen Fällen.

Aber auch posttranskriptionelle Regulationsmechanismen spielen bei der Etablierung der Nitratreduktase-Aktivität eine Rolle. So beobachtete man, daß die Nitratreduktase im Dunkeln inaktiviert wird. Parallel zu dieser Inaktivierung wird eine Phosphorylierung des Enzymproteins an mehreren Stellen beobachtet (Riens und Heldt 1992, Kaiser et al. 1993). Eine Reaktivierung der NR im Licht geht mit einer Dephosphorylierung des Proteins einher (Kaiser und Huber 1994). Derzeit sind Arbeiten im Gange, die für diese Phosphorylierungs- und Dephosphorylierungs-Prozesse verantwortliche(n) NR-Kinase(n) und -Phosphorylase(n) zu isolieren (Spill und Kaiser 1994).

Zusammenfassend ergibt sich derzeit für die Regulation der NR Genexpression folgendes Bild. Auf der Stufe der Transkription erfolgt die Regulation durch den Plastidenfaktor, Nitrat, Licht, und den Stickstoff-haltigen Metaboliten. Zusätzlich wird der Nitratreduktase-Aktivitätspegel durch kovalente Modifikation des Proteins moduliert.

Die genetische Analyse der Nitratreduktase in Pflanzen begann mit der Identifizierung von Chlorat-resistenten Mutanten. Man machte sich dabei den Umstand zunutze, daß das Nitratanalogon Chlorat, das wie Nitrat über das Nitrattransportsystem in die Pflanze aufgenommen wird, von der NR zu Chlorit (entsprechend der natürlichen Reduktion des Nitrats zu Nitrit) umgewandelt wird. Da das Chlorit im Stoffwechsel nicht weiterverarbeitet werden kann und für die Pflanzenzelle extrem toxisch wirkt, überleben auf chlorathaltigem Medium nur diejenigen Pflanzen (neben solchen, die einen Defekt im Aufnahmesystem besitzen), die keine oder zumindest eine stark reduzierte Nitratreduktase-Aktivität besitzen.

Eine allerdings arbeitsintensivere Alternative zur Chloratmethode ist die biochemische Charakterisierung von Mutanten mit reduzierter NR-Aktivität. Diese Technik muß angewendet werden, wenn eine Selektion durch Chloratresistenz nicht möglich ist, wie zum Beispiel bei Getreidepflanzen, die bei einer Anzucht auf Chlorat keine für eine Selektion ausreichende Schädigung davontragen.

Für eine verminderte Nitratreduktase-Aktivität gibt es zwei mögliche Ursachen. Zum einen kann das Gen, das für das Apoprotein kodiert, verändert sein (*nia*-Mutanten) oder die Gene für die Synthese oder Aktivität des Molybdän-Cofaktors (*cnx*-

Mutanten) sind betroffen. Die *cnx*-Mutanten zeichnen sich durch gleichzeitige Defekte in anderen molybdänhaltigen Enzymen, wie die Xanthindehydrogenase, aus. Auf diese Weise wurden bisher 6 Gene identifiziert, die an der Synthese eines aktiven Molybdän-Cofaktors beteiligt sind. Mutanten, die kein aktives FAD oder Häm synthetisieren, wurden niemals beobachtet. Ein Defekt in diesen prosthetischen Gruppen wirkt sich auf viele essentielle Stoffwechselwege aus und ist deshalb vermutlich letal.

Nia-Mutanten synthetisieren entweder überhaupt kein oder ein in seiner Funktion defektes NR-Protein. Solche *nia*-Mutanten, die eine Mutation in der Primärstruktur aufwiesen, gaben Hinweise auf spezifische Aminosäurereste, die für die katalytische Funktion der Nitratreduktase von entscheidender Bedeutung sind. Eine gezielte Verbesserung der katalytischen Funktion durch Austausch einiger Aminosäuren scheiterte aber bisher daran, daß es nicht gelang, ein voll funktionsfähiges NR-Enzym in einem heterologen System zu exprimieren.

Die meisten höheren Pflanzen besitzen mindestens zwei NR-Gene. Die Inaktivierung eines von zwei NR-Genen bei Gerste und *Arabidopsis*, die für die NADH-spezifische NR kodieren, reduziert die gesamte NR-Aktivität auf lediglich 10% im Vergleich zur Wildtyp-Pflanze.

Pflanzen mit drastisch reduzierter NR-Aktivität bieten sich für eine Gentherapie an. *Nicotiana plumbaginifolia* besitzt lediglich ein NR-Gen. Mutationen in diesem NR-Gen haben den völligen Verlust der NR-Aktivität zur Folge (*nia*-Mutanten). Wird nun zusätzlich ein intaktes NR-Gen, fusioniert mit einem starken konstitutiven Promotor (z.B. dem 35S-Promotor des Blumenkohlmosaikvirus, CaMV-35S) in eine solche Mutante eingeschleust, wird die NR-Aktivität wiederhergestellt und die transgene Pflanze ist in der Lage, auf Nitrat als alleiniger Stickstoff-Quelle zu wachsen. Diese gentechnologische Maßnahme stellte eine der ersten erfolgreichen Gentherapien in der Pflanzenwelt dar (Vaucheret et al. 1990). Verschiedene Linien solcher transgener Pflanzen enthalten aber sehr unterschiedliche Pegel an NR-Aktivität. Dies ist vermutlich auf die (methodisch bedingte) zufällige Integration des fremden Gens an unterschiedlichen Stellen innerhalb des Pflanzengenoms zurückzuführen. Man beobachtete NR-Aktivitäten zwischen 1/5 und dem Fünffachen der Aktivität, die man in intakten Wildtyppflanzen findet. Obwohl die verschiedenen transgenen Linien um Größenordnungen verschiedene NR-Aktivitäten besitzen, war keine unterschiedliche Wuchsleistung bzw. Biomasseproduktion zwischen den einzelnen Linien und auch im Vergleich zu Wildtyp-Pflanzen festzustellen (Pelsy und Caboche 1992, Foyer et al. 1994a). Die Nitratreduktase-Überexprimierer enthalten in ihren Blättern geringere Pegel an freiem Nitrat und deutlich höhere Konzentrationen an Glutamin als Wildtyppflanzen. Trotz des gesteigerten Glutamin-Pegels sind aber die Gesamt-Proteingehalte unverändert.

Es hat den Anschein, daß in den Wildtyp-Pflanzen mehr NR-Aktivität vorhanden ist, als für eine ausreichende Stickstoffassimilation und damit ein normales Wachstum benötigt wird. Dies bedeutet, daß die NR-Aktivität im Regelfall keinen wachstumslimitierenden Faktor darstellt. Die lange gültige Hypothese, die Nitratreduktase-Aktivität sei der wachstumslimitierende Schritt der Nitratassimilation, wurde durch diese genetischen und gentechnologischen Experimente widerlegt. Eine Überexpression der NR dürfte deshalb nicht die geeignete Maßnahme darstellen, wenn es darum geht, eine Steigerung der Biomasseproduktion zu erzielen oder die Effizienz der Assimilation für Stickstoff zu verbessern.

Die Nitritreduktase

Die Nitritreduktase katalysiert den zweiten enzymatischen Schritt der Nitratreduktion, die Reduktion des Nitrits zum Ammonium (vgl. Gl. 2). Die Nitritreduktase ist in den Plastiden der Pflanzenzelle lokalisiert. Sie besteht aus einer monomeren Polypeptidkette mit einer Größe von ca. 60-70 kDa und enthält Sirohäm (Fe-Tetrahydroporphyrin) und ein Eisen-Schwefel-Cluster (4Fe4S) als prosthetische Gruppen.

Als nukleär kodiertes Protein wird die NiR nach ihrer Synthese im Cytoplasma in die Plastiden importiert. Die Nitritreduktase von Spinat trägt dazu an ihrem N-terminalen Ende ein 32 Aminosäuren umfassendes Transitpeptid, welches den zielgerichteten Transport zur und in die Plastide steuert und beim Import der NiR in die Plastiden abgespalten wird (Back et al. 1988). Im Vergleich dazu ist das Transitpeptid der Birke etwas kürzer (Friemann et al. 1992). Beiden gemeinsam ist aber der hohe Gehalt an hydroxylierten Aminosäuren und eine insgesamt positive Nettoladung, was eine Rolle beim Protein-Targeting spielen dürfte.

Von der Nitratreduktase gebildetes Nitrit – das Substrat der Nitritreduktase – ist mutagen und cytotoxisch. Eine Akkumulation muß deshalb unter allen Umständen vermieden werden. Dem wird zum einen mit einer aufeinander abgestimmten Organverteilung und einer koordinierten Regulation der Nitratreduktase und Nitritreduktase begegnet, so daß niemals größere Mengen Nitratreduktase-Aktivität vorhanden sind, ohne daß auch genügend Nitritreduktase gebildet wurde. Zusätzlich besitzt die NiR eine hohe Affinität für ihr Substrat. Dies bedeutet, daß NO_2^- sehr effektiv an das Enzym gebunden und zu Ammonium umgewandelt wird, bevor größere Mengen akkumulieren können.

Einige Spezies besitzen nur ein einziges Nitritreduktase-Gen, während andere mehrere Gene aufweisen (Wray 1993). Lange Zeit standen Nitritreduktase-Mutanten für genetische Untersuchungen nicht zur Verfügung. Erst kürzlich konnten Nitritreduktase-Mutanten von Gerste isoliert werden, die erheblich reduzierte NiR-Pegel aufwiesen (Duncanson et al. 1993). Dies gelang, da Gerste lediglich ein NiR-Gen pro haploidem Genom enthält und homozygote NiR-Mutanten in Gegenwart von Nitrat meßbare Mengen an Nitrit in ihren Blättern akkumulieren, bevor die toxische Wirkung des Nitrits zum Absterben der Pflanzen führt. Auf nitratfreier Nährlösung, die Ammonium als Stickstoff-Quelle enthält, sind diese NiR-defekten Mutanten zu völlig normalem Wachstum und ungestörter Entwicklung fähig.

Wesentlich effizienter gewinnt man solche Pflanzen mit einem gentechnologischen Ansatz, der bereits erfolgreich bei Tabak angewendet wurde (Vaucheret et al. 1992). Dazu wird in eine Pflanze zusätzlich zum endogenen Nitritreduktase-Gen ein weiteres NiR-Gen, aber in umgekehrter Richtung, zusammen mit einem starken Promotor eingeschleust. Dadurch wird der an sich nicht-kodierende Strang des DNA-Doppelhelix des zusätzlichen NiR-Gens zum kodierenden Strang. Bei der Transkription des neu integrierten Gens entsteht dann eine mRNA, die sich in ihrer Basensequenz komplementär zu der endogenen NiR-mRNA verhält. Man bezeichnet diese beiden mRNAs auch als antisense- und sense-mRNA. Beide mRNAs können sich aufgrund der Basenkomplementarität zusammenlagern, wodurch die Translation zum Protein verhindert wird. Dadurch wurde die NiR-Aktivität auf bis zu 10% der Wildtyp-Aktivität reduziert.

Die antisense-Technologie bietet generell den Vorteil, daß die Expression eines jeden beliebigen Proteins gesenkt werden kann, selbst wenn dessen Gen Mitglied einer Multigenfamilie ist.

Erstaunlicherweise zeigten diese transgenen Pflanzen ebenso wie jene mit reduzierter NR-Aktivität kein reduziertes Wachstum (Vaucheret et al. 1992). Weiterhin wurden keine Anzeichen einer Akkumulation von Nitrit und der damit verbundenen toxischen Wirkung beobachtet. Auch bei einer guten Nitratversorgung sind zumindest Tabakpflanzen in der Lage, das anfallende Nitrit auch mit einer reduzierten Nitritreduktase-Aktivität zu verarbeiten.

Für alle untersuchten Pflanzen besteht ein strenger Synergismus zwischen Nitrat und Licht bei der Bildung der NiR-Aktivität in den Kotyledonen, und die Induktion der Nitritreduktase läuft über eine de novo-Synthese des Proteins. Der Plastidenfaktor ist auch bei der NiR die übergeordnete Voraussetzung für eine Genexpression. Das Lichtsignal wirkt über das Phytochromsystem. Eine sättigende Wirkung für die Expression der Nitritreduktase-Aktivität wird bei einer Nitratkonzentration in der Bodenlösung von ca. 15mM bei den meisten bisher untersuchten Spezies erreicht (Abb. 5). In dieser Größenordnung liegen auch die Sättigungswerte, die für eine maximale Induktion der Nitratreduktase und auch der Enzyme der Ammoniumassimilation erforderlich sind. Solch hohe Nitratkonzentrationen findet man allerdings im Freiland selten. Dies bedeutet, daß die Pflanzen über ein Potential verfügen, sich an starke Schwankungen des Nitratangebots mit z.T. sehr hohen Spitzenwerten gut anzupassen. Über weite Strecken der Vegetationsperiode dürfte allerdings die Expression der N-assimilierenden Enzyme bezüglich des Induktors Nitrat nicht gesättigt sein.

Eine vergleichende Studie zwischen den verschiedenen Spezies Senf, Tabak, Gerste und Spinat ergab, daß Licht und Nitrat an unterschiedlichen Stellen der NiR-

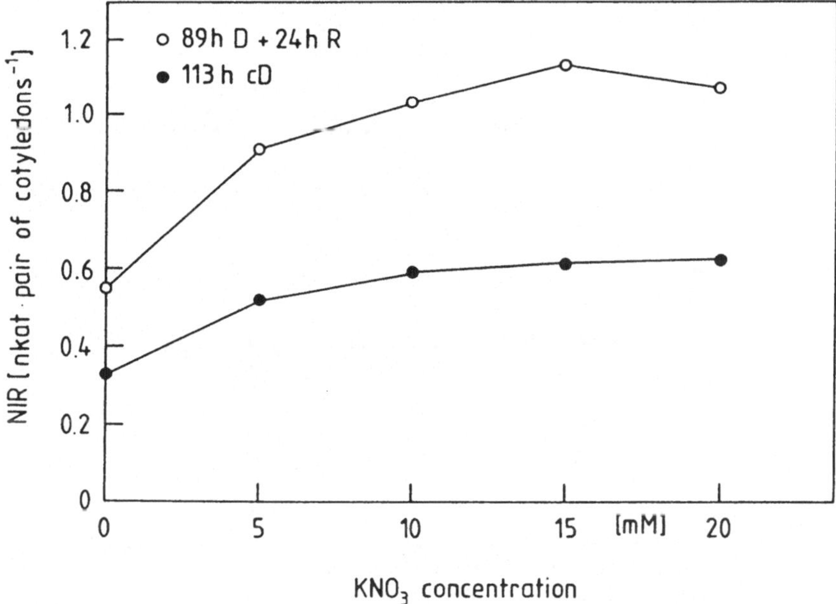

Abb. 5. Pegel der Nitritreduktase-Enzymaktivität in den Kotyledonen des Spinatkeimlings als Funktion des Nitratangebots (aus Seith et al. 1991)

Genexpression regulierend eingreifen. Die detaillierte Analyse zeigte, daß im Senf-keimling der NiR-Transkriptpegel ausschließlich durch Licht reguliert wird. Nitrat hat keinerlei Wirkung auf den mRNA-Gehalt. Für eine Synthese von hohen Mengen an NiR-Protein ist jedoch Nitrat notwendig und beweist dessen posttranskrip-tionelle Wirkung (Schuster und Mohr 1990a). Das bedeutet, daß auf der Stufe der Transkription die Genexpression nur grob, im Sinne einer prinzipiellen Weichen-stellung, reguliert wird. Die Feinregulation, d.h. die Entscheidung, wieviel Protein tatsächlich synthetisiert wird, findet posttranskriptionell statt.

Bei Spinat liegen die Verhältnisse gerade umgekehrt. Dort bestimmt allein Nitrat den Gehalt an NiR-mRNA (Abb. 6). Eine Belichtung, ob ohne Nitrat (vgl. D/S mit R/S oder B/S in Abb. 6) oder in Gegenwart von Nitrat (vgl. D/N mit R/N oder B/N in Abb. 6), hat keinen Einfluß auf den mRNA-Pegel. Auf der Stufe der Enzym-akkumulation wird aber auch bei Spinat eine Lichtwirkung sichtbar (Abb. 5). Licht bewirkt, unabhängig von Nitrat, eine Steigerung des Enzym-Pegels (Seith et al. 1991).

Wieder anders stellt sich die Situation bei Tabak (und Gerste) dar. In diesen Sy-stemen ist eine Koaktion von Nitrat und Licht nötig, um einen starken Anstieg des Transkriptpegels zu erzielen (Spur R/N und B/N in Abb. 7). Sowohl Nitrat allein

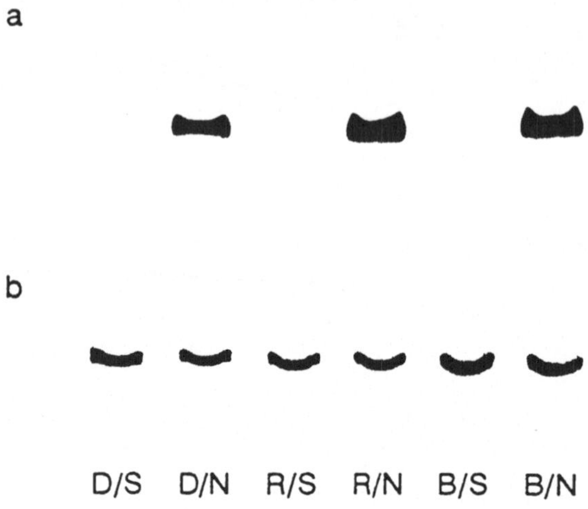

Abb. 6. Pegel der Nitritreduktase-mRNA (a) in den Kotyledonen des Spinatkeimlings 113h nach Aussaat. Die Keimlinge wurden 89 Stunden im Dunkeln angezogen und anschließend für 24 Stunden ins Rot- (R) bzw. Blaulicht (B) gestellt oder weiterhin im Dunkeln belassen. Die Anzuchtlösung enthielt 7.5 mM K_2SO_4 (S) oder 15mM KNO_3 (N). (b) mRNA-Pegel eines konstitutiv exprimierten Gens. Der Transkriptpegel wird durch die experimentell variierten Parameter nicht beeinflußt. (aus Seith et al. 1994a)

(Spur D/N in Abb. 7) als auch Licht allein (Spur R/S oder B/S in Abb. 7) bewirken einen deutlich geringeren Anstieg des Transkript-Pegels. Posttranskriptionell greifen hier die Faktoren, wenn überhaupt, nur geringfügig in die Genexpression ein (Neininger et al. 1992, Seith et al. 1994c).

Diese Ergebnisse verdeutlichen, daß die Regulation der Genexpression zwischen verschiedenen Spezies völlig unterschiedlich sein kann, obwohl die nitrat- und lichtregulierte Induktion der Genexpression in allen Fällen in nennenswertem Maße nur dann erfolgt, wenn beide Faktoren vorhanden sind.

Stets ist die Regulation der NiR-Genexpression durch Licht und Nitrat (fast) ideal an die physiologischen Bedürfnisse der Pflanzen angepaßt: Der Aktivitätspegel der Nitritreduktase wird immer dann erhöht, unabhängig davon, an welchen Stellen der Genexpression Nitrat und Licht regulierend eingreifen, wenn auch der Nitratreduktase-Pegel gesteigert wird.

Aber auch innerhalb ein und derselben Pflanze werden verschiedene Regulationsmechanismen in Wurzel und Sproß beobachtet, so z. B bei Gerstenkeimlingen (Seith et al. 1994c). Während im Sproß Licht und Nitrat vorhanden sein müssen, ist in den Wurzeln Nitrat allein für eine Synthese von Nitritreduktase-Aktivität ausa

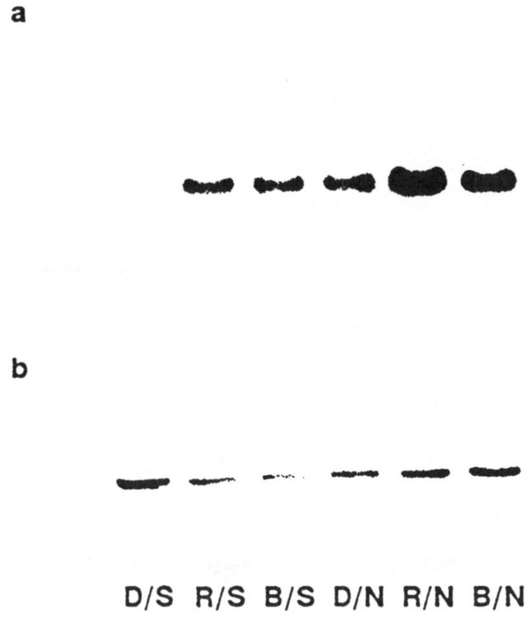

b

Abb. 7. Pegel der Nitritreduktase-mRNA (a) in 8 Tage alten Tabakkeimlingen, die im Dunkeln (D), Rotlicht (R) oder Blaulicht (B) in Gegenwart von 15mM Nitrat (N) oder ohne Nitrat (S) angezogen wurden. (b) Pegel der Kontroll-mRNA. (aus Seith et al. 1994a). Eine analoge Situation ergab sich für die Nitritreduktase-Transkript-Pegel im Sproß von Gerstekeimlingen (Seith et al. 1994c).

reichend. Da Gerste erwiesenermaßen nur über ein einziges NiR-Gen pro haploidem Genom verfügt, liegt der Schluß nahe, daß die unterschiedliche Regulation nicht in verschiedenen Motiven der Promotorstruktur des NiR-Gens (*cis* acting elements), sondern in unterschiedlichen Signaltransduktionsketten der regulierenden Faktoren zu suchen ist.

Die entscheidende Bedeutung der Signaltransduktion bei der Regulation der Genexpression konnte durch einen gentechnologischen Ansatz erhärtet werden, der sich den Umstand zunutze machte, daß die NiR-Transkriptpegel im Spinat- und im Tabakkeimling unterschiedlich reguliert werden (vgl. Abb. 6 und Abb. 7). Dabei wurde die Frage gestellt, wie die 5'-regulierende Region der Nitritreduktase aus Spinat die Transkription eines fusionierten Reportergens nach Licht- und Nitratgabe in Tabak steuert (Neininger et al. 1993). Dazu wurde der Promotor des Nitritreduktasegens aus Spinat mit einem bakteriellen Gen (β-Glucuronidase, GUS) fusioniert und mittels der natürlichen Genfähre *Agrobacterium tumefaciens* in Tabakzellen eingeschleust. Die transgenen Zellen wurden zu ganzen Pflanzen rege-

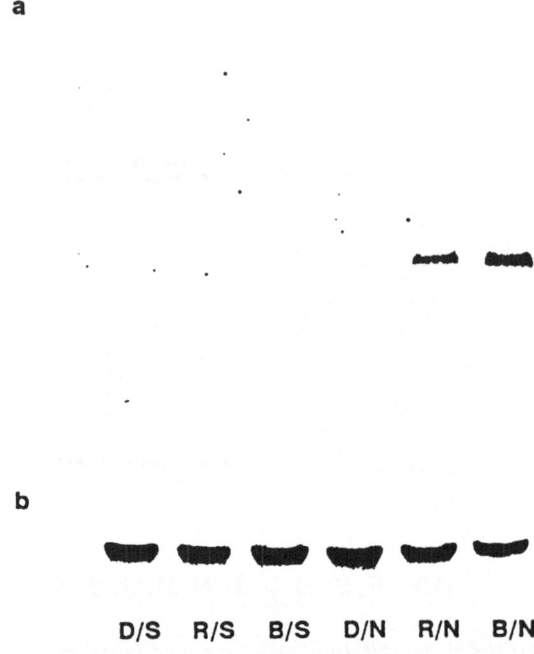

Abb. 8. Pegel der β-Glucuronidase (GUS)-mRNA (a) in transgenen Tabakkeimlingen, die ein chimäres Gen, bestehend aus dem Nitritreduktasepromotor aus Spinat und dem bakteriellen GUS-Gen enthielten. Die Keimlinge wurden im Dunkeln (D) oder Rot- (R) bzw. Blaulicht (B) ohne (S) oder mit Nitrat (N) angezogen. (b) Pegel der Kontroll-mRNA. (aus Neininger et al. 1994a)

ncriert, diese selbstbestäubt, und die Keimlinge aus den gewonnenen Samen zur Analyse verwendet. Die zu klärende Frage lautete also: Führt der NiR-Promotor zu einer Transkription des GUS-Gens gemäß seiner Herkunft (Spinat), das heißt, ist Nitrat allein für einen hohen Transkriptionspegel ausreichend, oder ist zusätzlich Licht notwendig, wie dies für die endogene Nitritreduktase im Tabak der Fall ist?

Das Ergebnis der Untersuchungen war eindeutig: Der Nitritreduktasepromotor aus Spinat führt zu einer Expression des fusionierten Gens gemäß seiner neuen Umgebung, was die Bedeutung der zellulären Umgebung unterstreicht. In den transgenen Tabakkeimlingen akkumuliert nur ein hoher GUS-Transkript-Pegel in Gegenwart von Nitrat und Licht (Spur R/N und B/N in Abb. 8). Fehlt nur einer der beiden Faktoren, bleibt der Transkript-Pegel niedrig (Spur R/S, B/S und D/N in Abb. 8). Es ergibt sich somit das gleiche Muster der Transkriptakkumulation des GUS-Gens unter der Kontrolle des Nitritreduktasepromotors aus Spinat wie für die endogene Nitritreduktase des Tabaks (vgl. Abb. 7 mit Abb. 8). Dies bedeutet, daß nicht die Promotorstruktur allein die Expression des Gens bestimmt, sondern daß Tabak-

Tabelle 3. Nitritreduktase mRNA-Gehalte in Senf, Spinat, Tabak, Gerste bzw. Reportergen-mRNA-Gehalte in transgenem Tabak, der ein chimäres Gen, bestehend aus der 5'-regulierenden Sequenz der Nitritreduktase aus Spinat und dem GUS-Reportergen enthält. Die Anzucht erfolgte im Dunkeln (-L) oder im Licht (+L) jeweils in Abwesenheit (-N) oder in Gegenwart (+N) von Nitrat. [1] nach Schuster und Mohr 1990a, [2] nach Seith et al. 1991, [3] nach Neininger et al. 1992, [4] nach Seith et al. 1994c, [5] nach Neininger et al. 1994a.

		NiR-mRNA		Reporter-mRNA
Anzucht	Senf [1]	Spinat [2]	Tabak [3], Gerste [4]	transgener Tabak [5]
–L /–N	–	–	–	–
+L /–N	+++	–	–/+	–
–L /+N	–	+++	–/+	–
+L /+N	+++	+++	+++	+++

spezifische *trans*-Faktoren bei der Regulation der Genexpression maßgebend sind.

Eine detaillierte Promotoranalyse, die sukzessiv verkürzte Fragmente des NiR-Promotors verwendete, lieferte den Befund, daß alle *cis*-regulatorisch wirksamen DNA-Elemente, die für eine nitrat- und lichtvermittelte Genexpression verantwortlich sind, innerhalb einer ca. 300 bp langen Sequenz enthalten sind (Rastogi et al. 1993, Neininger et al. 1994a).

Eine höchst interessante Frage wäre, ob der mit der Regulatorsequenz der Nitratreduktase interagierende Proteinfaktor (NTL1) auch mit diesem DNA-Fragment in Wechselwirkung treten kann und dadurch die koordinierte Expression von Nitrit- und Nitratreduktase zustandekommt.

Durch einen Vergleich der Nitritreduktase-Transkript-Pegel (Tabelle 3) wird deutlich, daß dieselben Faktoren (Nitrat, Licht) bei verschiedenen Spezies an unterschiedlichen Kontrollstellen der Genexpression regulierend eingreifen können. Deshalb muß bei einem Transfer einer Promotorstruktur in eine neue zelluläre Umgebung für jeden Einzelfall geprüft werden, ob aufgrund der Interaktion mit heterologen *trans*-Faktoren die angestrebte Regulation der Expression erreicht werden kann.

In uninduziertem Gewebe findet man immer geringe Mengen an NiR-Aktivität. Diese konstitutive Expression erscheint sinnvoll, da Nitrit, das aus der Bodenlösung aufgenommen wird, durch Reduktion zu Ammonium und anschließende Assimilation unschädlich gemacht werden muß. Eine Induktion durch das Substrat Nitrit findet bei der Nitritreduktase nur indirekt nach dessen Oxidation zu Nitrat statt (Aslam und Huffaker 1989).

Eine Modulation des etablierten NiR-Pegels ist weniger ausgeprägt als bei der NR. Eine Inaktivierung des Enzyms z.B. im Dunkeln wurde niemals beobachtet. Ebensowenig wurde eine diurnale Rhythmik des Aktivitäts-Pegels beobachtet. Die leichten tagesperiodischen Schwankungen der NiR mRNA-Gehalte werden, vermutlich aufgrund des langsameren Protein-turnovers der NiR im Vergleich zur NR, auf Enzym-Niveau nicht mehr manifest. Auch ist eine Regulation durch Kohlenhydrate kaum zu beobachten (Vincentz et al. 1993).

Die Ammoniumassimilation

In allen Zellen wird die Assimilation von Ammonium in organische Verbindungen im GS/GOGAT-Cyclus durch die Tätigkeit der beiden Enzyme Glutaminsynthetase und Glutamatsynthase bewerkstelligt (Abb. 3). Die Quellen für Ammonium in der Pflanzenzelle sind vielfältig (Abb. 9). Man kann exogen aufgenommenes von endogen gebildetem Ammonium unterscheiden. Die Untersuchungen zur Aufnahme von exogenem NH_4^+ durch die Wurzel gewannen in jüngster Zeit aufgrund steigender Ammoniumdepositionen aus der Luft und der Düngung von Agrarflächen mit ammoniumhaltigen Düngern immer mehr an Interesse.

Endogenes Ammonium entsteht hauptsächlich in drei Stoffwechselwegen. Am bedeutendsten, zumindest bei C_3-Pflanzen, ist die Freisetzung von Ammonium im Zuge der Photorespiration. Bei der Photorespiration, auch als photosynthetische Lichtatmung bezeichnet, wird molekularer Sauerstoff anstelle von Kohlendioxid an das Akzeptormolekül Ribulosebisphosphat gebunden. Bei der Metabolisierung des in dieser Oxygenase-Reaktion der RUBISCO (Ribulosebisphosphat-Carboxylase) entstandenen Produkts Glykolat wird schließlich Ammonium freigesetzt.

Eine weitere endogene NH_4^+-Quelle, insbesondere während der Keimlingsentwicklung, ist die Metabolisierung von Speicherproteinen. Es kommt zu einer Freisetzung von Ammonium beim Abbau der Aminosäuren (Joy 1988).

Aber auch in späteren Phasen der vegetativen Entwicklung tragen Aminosäure-Umsetzungen zur Bildung endogenen Ammoniums bei. Dazu ein Beispiel: Der Phenylpropanstoffwechsel führt zur Biosynthese einer Vielzahl phenolischer Verbindungen, so zur Bildung von Flavonoiden, Phytoalexinen und in quantitativ gro-

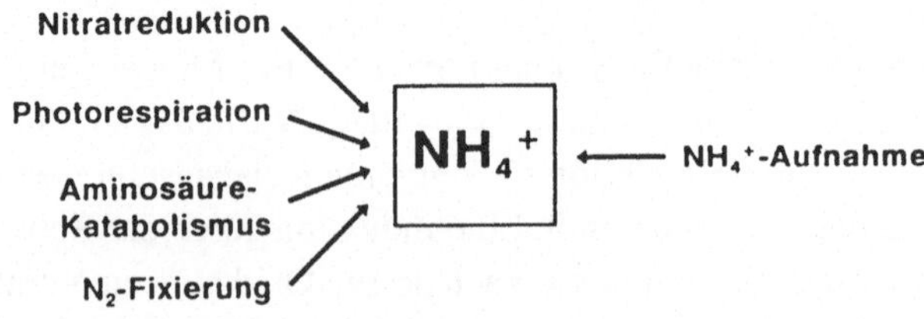

Abb. 9. Ammonium-Quellen für die Pflanzenzelle. Neben dem direkt aufgenommenen NH_4^+ wird Ammonium in mehreren Stoffwechselwegen freigesetzt. Die N_2-Fixierung als NH_4^+-Quelle ist auf jene Spezies beschränkt, die in Symbiose mit stickstofffixierenden Prokaryoten leben.

ßem Umfang zur Bildung von Lignin – einem Bestandteil verholzter pflanzlicher Zellwände. Der erste enzymatische Schritt dieses Stoffwechselweges ist die Umsetzung der Aminosäure Phenylalanin zur trans-Zimtsäure durch die Phenylalaninammoniumlyase. Bei dieser Enzymreaktion wird Ammonium freigesetzt.

Die dritte, aber im Hinblick auf eine Nettoassimilation von Stickstoff entscheidende NH_4^+-Quelle ist die Reduktion von aufgenommenem Nitrat zum Ammonium.

Die Glutaminsynthetase

Die Reaktion der Glutaminsynthetase (GS) (vgl. Gl. 3) ist der einzige nennenswerte Weg zur Einschleusung von Ammonium in organische Verbindungen in höheren Pflanzen. Die GS katalysiert die Bildung des Säureamids Glutamin aus Glutamat und Ammonium unter Verbrauch von Energie in Form von ATP. Durch die Hydrolyse des ATP zu ADP und anorganischem Phosphat wird die Reaktion praktisch irreversibel.

Das Enzym besteht aus acht Proteinuntereinheiten und hat eine Molekülgröße zwischen 300 und 400 kDa. In der Regel kommen mehrere Isoformen vor. Auch der Kiefernkeimling enthält, wie viele andere höhere Pflanzen auch, zwei GS-Isoformen, wovon eine im Cytoplasma lokalisiert ist (GS1), während sich die zweite Form (GS2) im Chloroplasten findet (Elmlinger und Mohr 1992). Die in Plastiden lokalisierte Form der Glutaminsynthetase besteht aus gleichen Untereinheiten und bildet ein Homooktamer, während cytoplasmatische Glutaminsynthetasen aus unterschiedlichen Untereinheiten aufgebaut sind. Die primären Translationsprodukte von GS2-Untereinheiten besitzen eine N-terminale targeting-Sequenz, die die Translokation in die Plastiden bewirkt. Den Proteinuntereinheiten der GS1 fehlt dieses Signalpeptid. Den subzellulär unterschiedlich lokalisierten Isoformen werden auch physiologisch verschiedene Funktionen zugeschrieben.

Die Aufgaben der cytosolischen Glutaminsynthetase(n) sind vielfältig. Dies belegen gentechnologische Experimente zur gewebespezifischen Expression der GS1. Werden Promotor-Sequenzen der GS1 mit einem histologisch leicht nachweisbaren Reportergen (z.B. GUS) fusioniert, kann in transgenen Pflanzen, die ein solches chimäres Gen tragen, sehr spezifisch festgestellt werden, in welchen Geweben eine Transkription der GS1 erfolgt. So konnte bewiesen werden, daß die GS1 besonders stark in den Phloem-Geleitzellen exprimiert wird, was deren aktive Beteiligung an Phloem-Loading- und Unloading-Prozessen und der interzellulären Translokation von organischem Stickstoff in Form von Glutamin nahelegt (Brears et al. 1991). Dies gilt sowohl bei der Mobilisierung von Speicherprotein während der Keimung (Tabeka 1983) als auch bei der Translokation von Aminosäuren während der Bildung von Samen und Früchten (Ta 1991) oder beim Abtransport von Aminosäuren aus seneszierenden Blättern (Kamachi et al. 1992).

Eine weitere Aufgabe der cytosolischen Glutaminsynthetase besteht in der Assimilation von Ammonium, das bei der N_2-Fixierung in den Wurzelknöllchen von

Leguminosen entsteht. Dazu wird eine knöllchenspezifische Glutaminsynthetase von den Wurzelzellen gebildet (Verma et al. 1992). Diese GS ist strukturell von den anderen cytoplasmatisch lokalisierten Glutaminsynthetasen unterschieden und ihr Erscheinen nimmt in Abhängigkeit vom Entwicklungzustand der Wurzelknöllchen stark zu. In Blättern und in nicht-infizierten Wurzeln ist diese Form der GS nicht zu finden.

Die Pegel der plastidischen Glutaminsynthetase sind unter photorespiratorischen Bedingungen erhöht. Dies mißt der GS2 eine Bedeutung bei der Reassimilation von photorespiratorisch freigesetztem Ammonium zu. In der Tat überleben GS2 Mangelmutanten in starkem Licht nur unter nicht-photorespiratorischen Bedingungen, d.h. bei erhöhtem CO_2 Partialdruck bzw. verminderter Sauerstoffkonzentration, bei denen die Oxygenase-Reaktion der RUBISCO unterdrückt wird (Joy et al. 1992). Unter normalen Bedingungen kommt es bei diesen Mutanten zu einer drastischen Akkumulation von Ammonium. Gleichzeitig sinkt der Gehalt an freien Aminosäuren. Ähnliche Symptome treten auch bei Wildtyp-Pflanzen auf, die mit Inhibitoren der Glutaminsynthetase behandelt wurden.

Der GS2 wird aufgrund ihrer plastidären Lokalisation die Aufgabe der Assimilation des bei der Nitratreduktion entstehenden Ammoniums zugeschrieben. Trotz allem sind manche Pflanzen in der Lage, auch ohne plastidische GS2 eine ausreichende Nitratassimilation durchzuführen.

In diesen Mangelmutanten kann die cytosolische GS1, die meist nur 10% der GS-Gesamtaktivität ausmacht, offenbar alle Aufgaben der Ammoniumassimilation übernehmen, das heißt auch die Assimilation von Ammonium aus der Nitratreduktion. Die GS2-defekten Mutanten sind zu völlig normalem Wachstum fähig, wenn die photorespiratorische Ammoniumfreisetzung unterdrückt wird (Joy et al. 1992). Dies bedeutet, daß die Pflanzen, die lediglich 10% der Ammoniumassimilationskapazität von Wildtyppflanzen besitzen, durchaus noch in der Lage sind, die für ein uneingeschränktes Wachstum ausreichende Ammoniumassimilation durchzuführen. Es scheint somit keine Wachstumslimitierung aufgrund mangelnder GS-Enzymaktivität und daraus resultierender Nitratassimilationsleistung zu bestehen. Dies bestätigen auch Studien mit Pflanzen, die über eine erhöhte GS-Aktivität verfügen, sei es durch Amplifikation eines endogenen GS-Gens oder durch Expression einer heterologen Glutaminsynthetase mit Hilfe eines sehr aktiven Promotors in transgenen Pflanzen. Diese GS-Überexprimierer, mit bis zu fünfmal mehr GS-Aktivität, besitzen, verglichen mit dem Wildtyp, reduzierte Pegel an freiem Ammonium, die Gehalte an freien Aminosäuren bleiben aber unverändert. Trotz eines leicht erhöhten Proteingehaltes (Temple et al. 1993) war das Wachstumsverhalten zwischen GS-Überexprimierern und Wildtyp-Pflanzen sehr ähnlich (Eckes et al. 1989).

Die Glutaminsynthetasen werden von einer kleinen kernlokalisierten Multigenfamilie kodiert, deren Mitglieder differentiell reguliert werden. Die Gene für GS1 und GS2 werden während der pflanzlichen Entwicklung gemäß ihrer verschiedenen Kompartimentierung und physiologischen Bedeutung unterschiedlich exprimiert. Die plastidenlokalisierte Isoform ist in den meisten Pflanzen lediglich von einem Gen kodiert, während die cytosolischen Glutaminsynthetasen in der Regel von mehreren Genen repräsentiert werden. Die Induktion der GS-Enzymaktivität ist mit einer de novo-Synthese des Proteins verbunden.

Die Expression der GS1 bei der Kiefer ist von äußeren Faktoren (z.B. Licht) weitgehend unbeeinflußt und wird hauptsächlich vom Entwicklungszustand der Pflanze bestimmt (Elmlinger und Mohr 1992).

Die Freisetzung endogenen Ammoniums durch die Photorespiration steht unter Lichtkontrolle und ist der quantitativ bedeutsamste Prozeße der endogenen Ammoniumbildung. Es ist deshalb nicht überraschend, daß Licht eine große Rolle bei der Regulation der plastidischen Glutaminsynthetase spielt und die GS2 in den grünen Pflanzenteilen mengenmäßig über die GS1 dominiert (Elmlinger und Mohr 1992).

Die exakte Messung der Lichtqualität und -quantität wird auch bei der Regulation der plastidären GS2-Aktivität vom Phytochromsystem durchgeführt. Die Regulation durch Licht erfolgt im Kiefernkeimling auf der Stufe der Transkription nur grob, da keine Korrelation zwischen GS-Transkript-Pegel und GS-Proteinsyntheserate besteht (Abb. 10).

In jungen Kiefernkeimlingen (bis zum Zeitpunkt 10 Tage nach Aussaat) steigt der GS-Enzympegel im Blaulicht und im Rotlicht gleich stark an. Im weiteren Verlauf der Keimlingsentwicklung findet aber ein weiterer Anstieg der Enzymaktivität nur in Gegenwart von Blaulicht statt. Ohne Blaulicht sinkt der Enzympegel wieder ab (Abb. 10). Diese obligate Blaulichtwirkung ist auf der Stufe der Transkription nicht erforderlich (Abb. 10, Elmlinger et al. 1994)

Dichromat-Experimente, d.h. simultane Bestrahlung mit zwei verschiedenen Lichtqualitäten, lassen jedoch erkennen, daß die starke Blaulichtwirkung sowohl bei der Transkriptakkumulation als auch bei der Proteinsynthese auf eine Empfindlichkeitsverstärkung der Phytochromwirkung zurückzuführen ist. Denn sobald der P_{fr}-Pegel durch zusätzliches dunkelrotes Licht sehr niedrig gehalten wird, unterbleibt auch der Anstieg der Enzymaktivität im Blaulicht (Elmlinger et al. 1994). Blaulicht per se hat also keinen Effekt auf auf die GS2-Synthese; es steigert lediglich die Wirksamkeit von Phytochrom (P_{fr}).

Stickstoff besitzt eine nur geringe regulierende Funktion bei der Expression der plastidischen GS. Wie bei der Nitritreduktase ist nicht das Substrat, in diesem Fall Ammonium, sondern Nitrat die regulatorisch wirksame Stickstoffverbindung. Nitrat führt zu einer Steigerung der GS-Aktivitätspegel (Elmlinger und Mohr 1992). Dies kann dahingehend interpretiert werden, daß der durch Licht regulierte Pegel an GS sich auf eine zusätzlich zu assimilierende Menge Ammonium aus der Nitratreduktion einstellt. Durch Licht und Nitrat als regulierende Faktoren ist die Pflanze

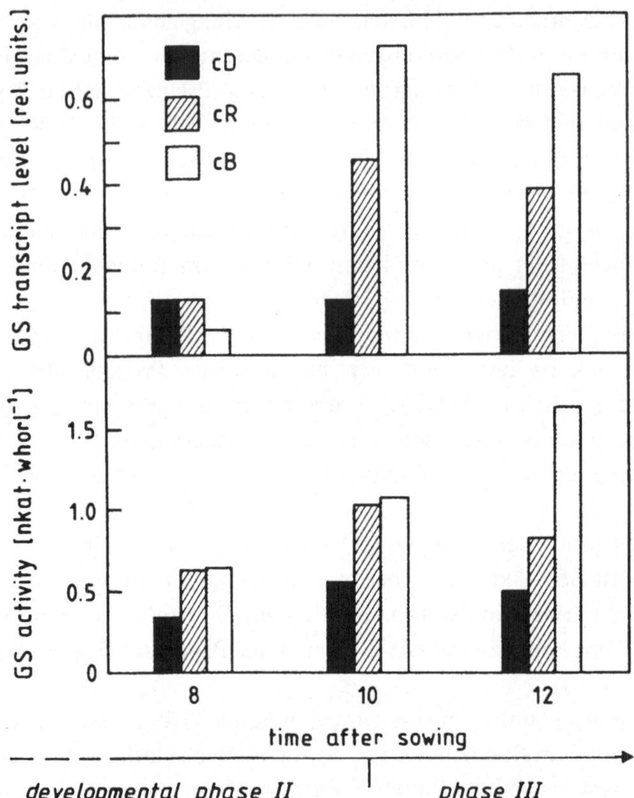

Abb. 10. Kinetik des Glutaminsynthetase (GS)-Transkript-Pegels (oben) und der GS-Enzym-aktivität (unten) in den Kotyledonarwirteln von Kiefernkeimlingen zwischen 8 und 12 Tagen nach Aussaat. Die Keimlinge wurden auf dem Nitrat-freien Bodensubstitut Perlit im Dunkeln (cD) oder im Rot- (cR) bzw. Blaulicht (cB) angezogen. (aus Elmlinger et al. 1994)

in der Lage, die zu erwartende Produktion von Ammonium zu antizipieren, um mit der Ausbildung einer entsprechenden Menge Glutaminsynthetase darauf zu reagieren.

Ammonium ist ein nicht ungefährliches Molekül für die Pflanzenzelle. Hohe NH_4^+-Konzentrationen lösen das sogenannte Ammoniumtoxizitätssyndrom aus, dessen Zustandekommen noch unklar ist. Es kommt zu starken Beeinträchtigungen verschiedener Stoffwechselwege und sogar zum Tod der Pflanze (Mehrer und Mohr 1989). Die Pflanze muß deshalb Sorge tragen, daß durch die Reduktion von Nitrat und andere physiologische Prozesse der endogenen NH_4^+-Freisetzung keine größeren Mengen Ammonium in den Zellen akkumulieren. Die einfachste Lösung für dieses Problem ist die sofortige Assimilation des Ammoniums in organische Verbindung. Voraussetzung dafür sind ausreichende Mengen an Glutaminsynthetase-Aktivität sowie eine genügend hohe Affinität des Enzyms zum Substrat.

Diese strukturellen und regulatorischen Eigenschaften werden von der Glutaminsynthetase erfüllt. Untersuchungen am Kiefernkeimling – einer phylogenetisch alten Samenpflanze – und der stammesgeschichtlich relativ jungen Kulturpflanze Senf haben ergeben, daß der Glutaminsynthetase-Pegel den Nitritreduktase-Pegel um eine Größenordnung übersteigt (Weber et al. 1990, Seith et al. 1994b). Der Anteil der GS am Gesamtprotein kann in grünen Blättern bis zu knapp einem Prozent betragen. Weiterhin ist die Affinität der Glutaminsynthetase für Ammonium sehr viel größer als die der NiR zu ihrem Substrat. Dadurch wird gewährleistet, daß keine größere Menge an freiem Ammonium, auch bei einer optimalen Nitratversorgung, akkumulieren kann, sondern das entstehende Ammonium jeweils umgehend in organische Verbindung assimiliert wird.

Bei einer alleinigen Ammoniumernährung kommt es beim Senfkeimling allerdings zu einer massiven Akkumulation von Ammonium (Hecht und Mohr 1990). In den Kotyledonen können dann NH_4^+-Konzentrationen von über 50mM gemessen werden, selbst wenn die Ammoniumkonzentration, die über die Nährlösung angeboten wird, 15mM nicht übersteigt. Die Pegel an freien Aminosäuren bleiben dagegen gering. Überraschenderweise konnten die einsetzenden Symptome einer beginnenden Ammoniumtoxizität durch eine zusätzliche Nitratdüngung aufgehoben werden. Diese „nitratvermittelte Ammoniumtoleranz" wird vor dem Hintergrund der Regulation der Ammonium-assimilierenden Enzyme verständlich, denn Nitrat stellt diejenige Stickstoffverbindung dar, die beim Senfkeimling eine Induktion der Glutaminsynthetase-Genexpression bewirkt (Hecht und Mohr 1990). Ammonium dagegen, allein verabreicht, hat eher eine hemmende Wirkung.

Dies bedeutet, daß bei einer reinen Ammoniumversorgung des Senfkeimlings die GS/GOGAT-Kapazität für eine Assimilation des aufgenommenen Ammoniums nicht ausreicht und dies bis zur Akkumulation toxischer NH_4^+-Konzentrationen führt. Eine zusätzliche Nitratgabe steigert jedoch die Kapazität des GS/GOGAT-Cyclus, so daß mehr Ammonium in organische Verbindung assimiliert werden kann. Eine Regulation der Glutaminsynthetase durch exogenes Ammonium war in früheren Phasen der Evolution der Landpflanzen in der Regel nicht nötig, denn bei funktionierender Nitrifikation war Nitrat die dominierende pflanzenverfügbare Stickstoffverbindung (Abb. 1). Zudem wird Ammonium sehr viel stärker als Nitrat an Bodenkolloide fixiert, so daß die freien Ammoniumkonzentrationen in der Bodenlösung unter natürlichen Bedingungen stets gering waren und die Ammoniumtoxizität keine Rolle spielte. Die Düngung mit NH_4^+-N und die zur Zeit erhöhten Depositionen aus der Luft bergen die Gefahr einer Verschiebung des NO_3^-/NH_4^+-Verhältnisses in der Bodenlösung in sich.

Die Erkenntnisse zur Ammoniumtoxizität finden praktische Anwendung bei der gentechnologischen Gewinnung von herbizidresistenten Pflanzen. Die Entwicklung neuer Herbizide ist erforderlich, denn viele der bisher verwendeten Herbizide bleiben zu lange in der Umwelt erhalten. Im Idealfall sollen Herbizide nur kurz wirken und dabei möglichst wenig ökologisch bedenklich sein. Diese Anforderungen erfüllt das Totalherbizid mit dem Handelsnamen Basta. Es enthält Glufosinat als wirksame Verbindung, eine chemisch leicht herzustellende Substanz, die ursprünglich in dem Mikroorganismus *Streptomyces viridochromogenes* entdeckt wurde. Tests zeigten, daß Glufosinat schnell im Boden und im Wasser abgebaut wird, und deshalb nicht in tiefere Schichten eingewaschen wird. Die Halbwertszeit liegt je nach Bodenbeschaffenheit, Temperatur und Feuchtigkeit zwischen 7 und 20 Tagen (Pfefferkorn 1993). Mit Hilfe der C^{14}-Methode konnte der gesamte Abbau der Substanz bis hin zu CO_2 und Wasser aufgeklärt werden.

Glufosinat ähnelt in seiner chemischen Aufbau der Aminosäure Glutamat. Kommt das Enzym Glutaminsynthetase mit dieser Substanz in Kontakt, verwechselt es das Herbizid mit seinem eigentlichen Substrat, dem Glutamat (vgl. Gl. 3). Die Funktion der GS ist damit blockiert (Leason et al. 1982), Ammonium reichert sich an und die Pflanze stirbt ab.

Für die Gentechnik-gestützte Gewinnung von Herbizid-resistenten Pflanzen stehen drei prinzipielle Wege offen. Zum einen werden ein oder mehrere Gene in die Pflanzen eingebracht, die dazu führen, daß die Pflanze das Herbizid metabolisieren kann. Im Fall des Glufosinats geschieht dies durch eine spezielle Acetyltransferase, die aus dem Bodenbakterium *Streptomyces hydroscopicus* gewonnen werden konnte. Das Glufosinat wird acetyliert und damit inaktiviert.

Der zweite, ebenfalls bereits realisierte Weg besteht in der Überexpression der Glutaminsynthetase, sodaß auch in Gegenwart des Herbizids noch genügend Enzym vorhanden ist, um einen ungestörten Stoffwechsel zu erlauben (Eckes et al. 1989).

Die dritte Möglichkeit besteht in der Modifikation des Zielproteins in der Art, daß das Herbizid nicht mehr wirksam werden kann, und die Glutaminsynthetase ihre eigentliche Funktion weiterhin noch erfüllen kann.

Dadurch, daß derartige, auf gentechnologischem Weg gewonnene Pflanzen besonders massive Resistenzunterschiede zu allen Konkurrenzpflanzen aufweisen, kann man Glufosinat als Totalherbizid einsetzen.

Da innerhalb der Nitratassimilation nicht nur Ammonium, sondern auch Nitrit als cytotoxische Substanz auftaucht, ist ein Herbizid nach dem gleichen Prinzip wie Basta auch auf der Basis einer Nitritreduktase-Hemmung denkbar.

Die Glutamatsynthase
Auch vom zweiten Enzym des GS/GOGAT-Cyclus, der Glutamatsynthase, existieren zwei Isoformen (Elmlinger und Mohr 1991). Es sind strukturell verschiedene Proteine, die sich u.a. auch in der Spezifität zu ihren Coenzymen unterscheiden. Die cytosolisch lokalisierte Glutamatsynthase (NADH-GOGAT) verwendet NADH als

Donor für Reduktionsäquivalente, während die plastidische Glutamatsynthase (Fd-GOGAT) Elektronen von reduziertem Ferredoxin bezieht. Beide Isoformen enthalten Flavin als prosthetische Gruppe. Die Fd-GOGAT besitzt zusätzlich ein FeS-Cluster. Die genaue molekulare Architektur der Enzyme ist noch nicht vollständig geklärt. Es wird sowohl von monomeren Peptidketten als auch von Dimerbildung beim Aufbau der Fd-GOGAT berichtet. Angaben zur Größe schwanken zwischen 140 und 230 kDa.

Durch Immuncytolokalisation und durch die experimentelle photooxidative Schädigung der Chloroplasten wurde die Fd-GOGAT im Stroma der Chloroplasten nachgewiesen. Die Fd-GOGAT findet sich aber nicht nur in den grünen Blättern, sondern auch in Wurzelgewebe. Diese Form ist allerdings immunologisch von der Blatt-Fd-GOGAT zu unterscheiden.

Vergleicht man die Aktivität der GS1 mit der der NADH-GOGAT und die Aktivität der GS2 mit der der Fd-GOGAT, so bleiben die jeweiligen Verhältnisse unter verschiedenen Bedingungen annähernd konstant. Dies zeigt die strenge Koordination bei der Expression der beiden bei der Assimilation des Ammoniums verknüpften Enzyme.

Den beiden Glutamatsynthase-Isoformen werden entsprechend der funktionellen Verknüpfung mit der GS1 oder der GS2 verschiedene physiologische Aufgaben zugeschrieben. Eine Beteiligung der NADH-GOGAT wird im Zusammenhang mit der Metabolisierung von Aminosäuren, insbesondere Glutamin, diskutiert; aber auch an der Bindung von Ammonium bei der symbiontischen N_2-Fixierung der Leguminosen ist diese Form beteiligt. Entsprechend soll die Fd-GOGAT an der Reassimilation von photorespiratorisch freigesetztem Ammonium sowie an der Verarbeitung des aus der Nitratreduktion stammenden Ammoniums beteiligt sein.

Auch im Fall von Fd-GOGAT-defizienten Mutanten konnte bewiesen werden, daß die verbliebene NADH-GOGAT-Aktivität, nur 5% der Wildtyp-Gesamtaktivität, zur Verarbeitung des aus der Nitratreduktion stammenden Ammoniums ausreicht und ein offensichtlich normales Wachstum erlaubt (Joy et al. 1992). Während die Pegel der meisten freien Aminosäuren in diesen Mutanten weitgehend unverändert sind, beobachtet man eine sehr starke Akkumulation der Aminosäure Glutamin. Da Glutamin als Regulator der Nitratassimilation bekanntlich eine Rolle spielt, sind diese Mutanten für die Untersuchung der Bedeutung dieses Metaboliten bei der Regulation der Stickstoffassimilation besonders geeignet. Wie bei GS2-Mutanten müssen bei den Fd-GOGAT-Mangelmutanten nicht-photorespiratorische Bedingungen eingehalten werden, um eine toxische Wirkung zu verhindern.

Die Regulation der beiden GOGAT-Isoformen entspricht der von GS1 und GS2. In grünem Gewebe dominiert die Fd-abhängige Form der GOGAT. Ihre Expression wird auf der Stufe der Transkription vom Phytochromsystem reguliert und nimmt im Licht stark zu (Becker et al. 1993). Auf die cytosolische NADH-GOGAT wirkt eine Belichtung weniger stark.

Anorganischer Stickstoff erhöht die Pegel beider Formen leicht. Nitrat ist verglichen mit Ammonium der effektivere Induktor (Hecht et al. 1988, Elmlinger und Mohr 1991). Wird die Entwicklung intakter Plastiden verhindert, so ist der Pegel an Fd-GOGAT drastisch reduziert. Der Gehalt an NADH-GOGAT bleibt dagegen unbeeinflußt.

Die Aminotransferasen

Ist der Stickstoff einmal im Glutamat angelangt, kann er, katalysiert durch verschiedene Aminotransferasen, auf andere 2-Oxosäuren zur Synthese weiterer Aminosäuren übertragen werden (Abb. 3).

Die Aminotransferasen bestehen in der Regel aus zwei identischen Untereinheiten. Ihre Molekulargewichte schwanken je nach Spezies zwischen 80 und 140 kDa. Aminotransferasen enthalten Pyridoxalphosphat als prosthetische Gruppe, das bei der Transaminierungs-Reaktion die Aminogruppe der Donor-Aminosäure kovalent bindet und anschließend auf die Akzeptor-2-Oxosäure überträgt. Jede Untereinheit des Homodimers enthält ein Molekül Pyridoxalphosphat.

Bezüglich ihrer Spezifität bestehen erhebliche Unterschiede zwischen den einzelnen Aminotransferasen. Einige sind in der Lage, eine Vielzahl von Substraten umzusetzen, während andere auf eine einzige Reaktion spezialisiert sind.

Die Funktion der Aminotransferasen beschränkt sich nicht allein auf die Verteilung des nettoassimilierten Stickstoffs auf die proteinogenen Aminosäuren; sie sind vielmehr an vielen weiteren Reaktionen zur Aufrechterhaltung des pflanzlichen Stoffwechsels beteiligt.

Aufgrund der Beteiligung von Aminotransferasen an den verschiedensten Stoffwechselwegen finden sich Aminotransferase-Aktivitäten auch in Zellkompartimenten wie Chloroplasten, Cytoplasma, Glyoxisomen, Mitochondrien, Peroxisomen und Proplastiden. Sie werden durch verschiedene Isoformen repräsentiert.

Bei der Aminosäuresynthese wird vornehmlich Glutamat als Aminogruppendonor genutzt. Glutamat spielt als Aminogruppendonor aber auch bei der Synthese von Tetrapyrrolen – Bausteine von bedeutenden Biomolekülen wie Cytochromen, Chlorophyll oder Phytochrom – eine Rolle. Weiterhin üben Aminotransferasen wichtige Funktionen bei der CO_2-Vorfixierung in C_4-Pflanzen aus, die Aspartat als Transportform verwenden, sie sind aber auch an grundlegenden Transportvorgängen von C-Skeletten und Reduktionsäquivalenten zwischen den einzelnen Zellkompartimenten beteiligt.

Die Transaminierung ist oft der letzte Reaktionsschritt der Aminosäuresynthese, so zum Beispiel bei der Bildung von Aspartat aus Oxalacetat, Alanin aus Pyruvat oder Phenylalanin aus Phenylpyruvat. In pflanzlichen Geweben ist neben der Aspartat-Aminotransferase (AsAT) die Alanin-Aminotransferase (AlAT) prominent vertreten (Penther 1991). Die folgende Betrachtung soll sich auf diese beiden Enzyme beschränken.

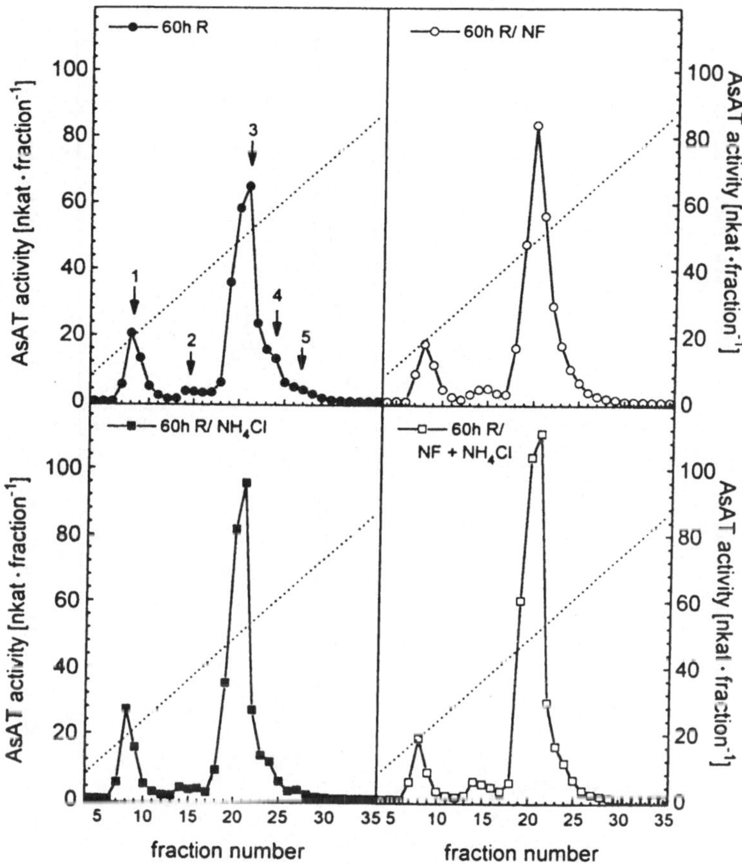

Abb. 11. Elutionsprofile der Aspartat-Aminotransferase (AsAT) aus Senfkotyledonen, 60 Stunden nach Aussaat. Die Keimlinge wurden in Gegenwart von Ammonium (15mM NH_4Cl) oder dem Bleichherbizid Norflurazon (NF, $1\cdot10^{-5}$M) angezogen. Die Trennung der Isoformen erfolgte mit Anionen-Austauschchromatographie (Mono Q, FPLC). (aus Penther und Mohr 1994)

Die AsAT katalysiert die reversible Transaminierung zwischen Glutamat und Oxalacetat zu Aspartat und 2-Oxoglutarat. Das Enzym findet sich in Samen, Wurzeln, Wurzel-Knöllchen, Achsengewebe und Blättern. Die Aminogruppe stammt direkt aus dem Glutamat des GS/GOGAT-Cyclus. Die AsAT kann somit als ein terminales Enzym der Ammoniumassimilation aufgefaßt werden. Das Aspartat selbst dient als Vorstufe bei der Synthese der zur Aspartat-Familie zusammengefaßten Aminosäuren Methionin, Isoleucin, Threonin, Lysin und Asparagin.

Über die Regulation der AsAT liegen nur einige wenige Daten vor, wovon sich die meisten auf Untersuchungen an Kotyledonen beziehen. Dort scheint es zumin-

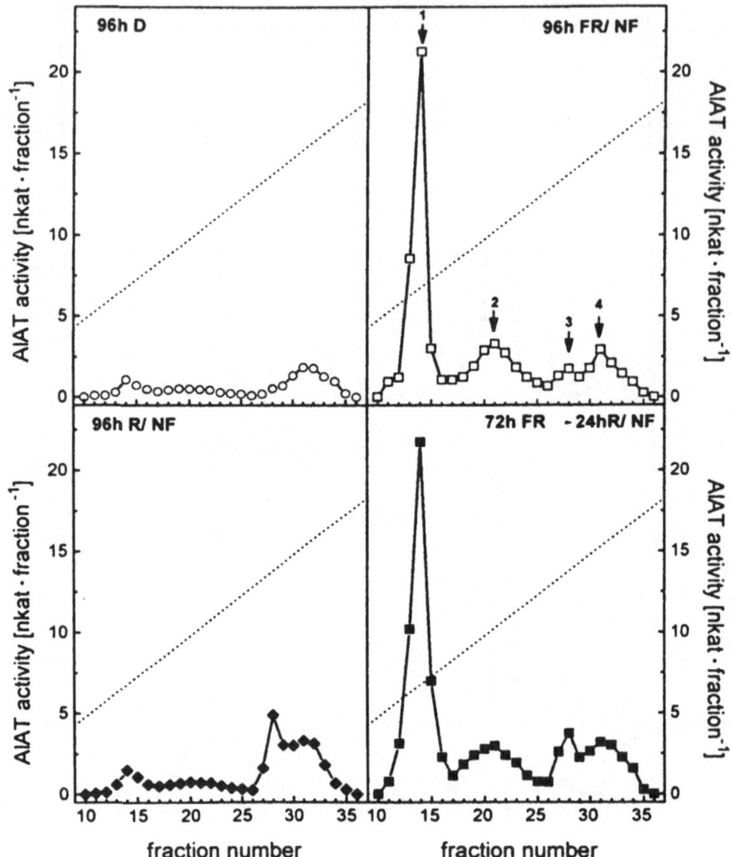

Abb. 12. Elutionsprofile der Alanin-Aminotransferase (AlAT) aus Senfkotyledonen, 4 Tage nach Aussaat. Die Trennung der Isoformen erfolgte mit Anionen-Austauschchromatographie (Mono Q, FPLC). Die Keimlinge wurden in Gegenwart von 15mM KNO_3 mit oder ohne Norflurazon (NF, $1 \cdot 10^{-5}M$) im Dunkeln (o), im Rotlicht (◆) oder im dunkelroten Licht (□) angezogen. Die Expression der Isoformen 1 und 2 wird unter dauerphotooxidativen Bedingungen unterbunden (◆), nicht jedoch nach Kurzzeit-Photooxidation (■). Dies zeigt die Abhängigkeit der Genexpression vom Plastidenfaktor und die peroxisomale Lokalisation der beiden Formen an. (aus Penther und Mohr 1994).

dest so zu sein, daß die Expression der AsAT offensichtlich nach einem endogenen Muster erfolgt, das durch Außenfaktoren wie Ammonium (aber auch Licht und Nitrat) oder dem endogenen Plastidenfaktor, nur wenig modifiziert wird (Abb. 11).

Die AsAT kommt im Senfkeimling in 5 verschiedenen Isoformen vor, wovon die in den Glyoxysomen lokalisierte Form dominiert (Isoform 3 in Abb. 11). Ihre Hauptfunktion liegt wahrscheinlich im Transport von Reduktionsäquivalenten, über einen Malat-Aspartat-Shuttle, von den Glyoxisomen zu den Mitochondrien bei der Mobilisierung von Speicherlipiden. Die vorrangige Bedeutung der AsAT dürfte daher nicht in der Assimilation von Stickstoff liegen.

Die Alaninaminotransferase (AlAT) katalysiert die Transaminierung von Glutamat und Pyruvat zu Alanin und 2-Oxoglutarat (vgl. Gl. 5). Wie die AsAT kann auch die AlAT als ein terminales Enzym der Stickstoffassimilation aufgefaßt werden. AlAT konnte in verschiedenen subzellulären Kompartimenten (Cytosol, Mitochondrien, Peroxisomen) nachgewiesen werden.

Im Senfkeimling kommen 4 Isoformen vor, von denen die beiden in den Peroxisomen lokalisierten Formen quantitativ überwiegen (Isoform 1 und 2 in Abb. 12). Sie sind es auch, die durch Nitrat und Licht in ihrem Aktivitätspegel reguliert werden. Die Lichtwirkung ist im Vergleich zur Nitratwirkung sehr stark. Intakte Plastiden, d.h. der Plastidenfaktor, sind hierfür eine notwendige Voraussetzung (Abb. 12).

Licht bewirkt eine Steigerung der AlAT-Aktivität. Auch Nitrat führt zu einer, allerdings deutlich geringeren Erhöhung des Enzympegels. Der Anstieg ist stets mit einer de novo-Synthese des Proteins verbunden (Penther und Mohr 1994). Ammonium hat keinen positiven Einfluß auf den Enzympegel. Sowohl im Licht als auch in Gegenwart von Nitrat beobachtet man einen Anstieg des mRNA-Gehaltes der AlAT (Son et al. 1992, Son und Sugiyama 1992).

Die multiplen Funktionen der Aminotransferasen und die hochgradige Kompartimentierung des Aminosäuren-Metabolismus erschweren die Interpretation der Daten zur Stickstoffverteilung. Da jedoch die Pflanzen über eine Vielzahl verschiedener Aminotransferasen verfügen, deren Enzymaktivität die der anderen Nitratassimilierenden Enzyme deutlich übertrifft, ist mit einer Limitierung der N-Assimilation auf der Stufe der Aminosäuren-Bildung nicht zu rechnen.

Der Aminosäurestoffwechsel
Viele heterotrophe Gewebe sind auf den Import von reduzierten Stickstoffverbindungen angewiesen, um ein normales Wachstum und eine ungestörte Entwicklung durchführen zu können. Der reduzierte Stickstoff wird hauptsächlich in Form von Aminosäuren über die Leitgewebe in der Pflanze verteilt. Er wird in Xylem und Phloem von den Orten der Aminosäure-Synthese (sources), meist Blätter, aber auch Wurzeln, zu den Aminosäure-verbrauchenden Geweben (sinks) transportiert (Smirnoff und Stewart 1985).

Der interzelluläre Transport der Aminosäuren erfordert die Beteiligung von Transportsystemen. Aus den schon beim Transport von anorganischem Stickstoff diskutierten Gründen ist auch die Information über die Aminosäuren-Translokatoren in Pflanzen im Vergleich zu den nitratassimilierenden Enzymen sehr spärlich. Aus physiologischen Untersuchungen weiß man lediglich, daß es mindestens vier verschiedene Systeme für den Transport der Aminosäuren geben muß. Eines befördert vornehmlich saure, ein anderes basische Aminosäuren. Zwei Systeme transportieren hauptsächlich neutrale Aminosäuren, wobei eines Aminosäuren mit verzweigten Kohlenstoffseitenketten bevorzugt. Die Spezifität aller Transportsysteme ist allerdings nicht sehr hoch, so daß jedes System in der Lage ist, alle 20 proteinogenen Aminosäuren zu befördern.

Die kürzlich durch eine raffinierte gentechnologische Komplementation von Hefe-Transportmutanten gelungene Klonierung zweier pflanzlicher Aminosäure-Transportproteine bestätigt diese Beobachtung (Frommer et al. 1993, Kwart et al. 1993).

Ausgehend von diesen Aminosäure-Transportproteinen können nun die weiteren Fragen zum Mechanismus, zur Spezifität, Aktivität und Kapazität des Aminosäuretransports innerhalb der Pflanzen angegangen werden.

Einen quantitativ hohen Bedarf an Aminosäuren besitzen Prozesse wie die Ausbildung von Samen und Speicherorganen oder die Keimlingsentwicklung (Bush 1993). In den Samenanlagen werden bei der Samenreife aus den Aminosäuren Proteine synthetisiert und in speziellen Organellen innerhalb des Embryos oder in einem eigens für die Speicherung von Nährstoffen gebildeten Gewebe, dem Endosperm, deponiert. Bis zu 50% des gesamten Trockengewichts eines Samens kann aus Protein bestehen, das fast ausschließlich von einem einzigen oder einigen wenigen Polypeptiden repräsentiert wird. Es dient nach der Samenkeimung dem Keimling in den ersten Tagen der Entwicklung als Nahrungsquelle. Die Aminosäurezusammensetzung des Speicherproteins ist auf die Bedürfnisse des wachsenden Keimlings abgestimmt und entspricht oft nicht den Anforderungen einer optimalen menschlichen oder tierischen Ernährung. So sind beispielsweise die Speicherproteine von Mais, die unter dem Begriff Zeine zusammengefaßt werden, arm an den Aminosäuren Lysin, Aspartat, Tryptophan und Methionin (Tabelle 4).

Die Zein-Proteinfamilie besteht aus sechs aufgrund ihrer Löslichkeit und ihres Molekulargewichts unterschiedenen Polypeptiden (Tabelle 4), von denen die beiden Proteine der a-Klasse mengenmäßig dominieren. Für eine qualitative Verbesserung des Maisproteins ist es erforderlich, den Gehalt an den wenig vertretenen Aminosäuren zu erhöhen. Dies kann sowohl durch eine Änderung der Primärstruktur der Proteine der a-Klasse als auch durch eine relative Änderung der Expression der einzelnen Mitglieder der Zein-Proteinfamilie geschehen.

Eine Steigerung der Expression der Zein-Proteine der β- und δ-Klasse durch geeignete Modifikation der Promotoren ihrer Gene oder durch eine Amplifikation der Gene im Genom würde den Anteil an Methionin am gesamten Speicherprotein erhöhen.

Durch zusätzlich in die Zein-Gene der a-Klasse eingebrachte Sequenzen, die für Lysin- und Tryptophan-reiche Proteinfragmente kodieren, könnte der Lysin- und Tryptophangehalt des Maisproteins erhöht werden. Diese Modifikationen in der Primärstruktur der Proteine dürfen allerdings den quantitativen Expressionspegel

Tabelle 4. Aminosäurezusammensetzung der Zein-Polypeptide. (aus Ueda und Messing 1993)

Molekular- gewicht	α-Klasse		β-Klasse	γ-Klasse	δ-Klasse	
	19 kDa	22 kDa	15 kDa	16 kDa	27 kDa	10 kDa
Aminosäure						
Leucin	44	42	16	14	19	15
Glutamin	39	31	26	31	30	15
Alanin	31	34	22	13	10	7
Prolin	21	22	14	25	51	20
Serin	15	18	8	9	8	8
Phenylalanin	13	8	0	7	2	5
Asparagin	9	13	3	1	0	3
Isoleucin	9	11	1	1	4	3
Tyrosin	8	6	14	9	4	1
Valin	6	17	3	8	15	5
Glycin	4	2	14	15	12	4
Threonin	4	7	4	5	9	5
Arginin	3	4	5	3	5	0
Histidin	3	3	0	4	16	3
Cystein	2	1	7	12	15	5
Glutamat	1	1	3	3	2	0
Methionin	1	5	18	3	1	29
Aspartat	1	0	1	0	0	1
Lysin	0	0	0	0	0	0
Tryptophan	0	0	0	1	0	0

oder das targeting und die Akkumulation in den Speicherorganellen nicht beeinträchtigen.

Eine modifizierte Aminosäurezusammensetzung des Speicherproteins von Mais hat für die menschliche Ernährung nur wenig Bedeutung, da bei einer insgesamt ausgewogenen Ernährung eine Unterversorgung mit einzelnen Aminosäuren keine Rolle spielt. Bei der Verwendung als Futtermittel jedoch kann eine bessere Ausrichtung auf die Bedürfnisse der Tiere erzielt werden. Dadurch werden gezielte Aminosäurezusätze, wie sie heute beispielsweise in der Schweinehaltung empfohlen werden, überflüssig.

Durch beide Vorgehensweisen läßt sich erreichen, daß die Tiere insgesamt weniger Protein benötigen, um die gleichen Zuwachsleistungen an Gewicht zu erbringen. Dies reduziert den Gesamt-N-Durchsatz und die Ausscheidungen der Tiere an organischen N-Verbindungen, die zu einem großen Teil als Ammoniak in die Atmosphäre gelangen. Über diesen Weg tragen sie zu der eingangs erwähnten Ammonium-Belastung der Umwelt bei. Diese ließe sich folglich durch die Gentechnik-gestützte Züchtung von Futterpflanzen mit einem dem jeweiligen Zweck angepaßten Aminosäureverhältnis reduzieren.

Die Nitratassimilation
in Verbindung mit dem Kohlenstoffmetabolismus

Die Assimilation von Nitrat ist in folgenden Punkten direkt vom C-Metabolismus abhängig (Stulen 1986):

- Synthese der am Prozess der Assimilation beteiligten Enzyme
- Bereitstellung von Reduktionsäquivalenten
- Anlieferung von C-Skeletten für die organische Bindung von reduziertem Stickstoff.

Die Bindung von reduziertem Stickstoff in organische Substanz erfordert primär 2-Oxosäuren als N-Akzeptoren (vgl. Gl. 5). Dies sind im wesentlichen 2-Oxoglutarat und Oxalacetat, aus denen die Aminosäuren Glutamat und Aspartat entstehen. Sie sind darüberhinaus Vorstufen für die Synthese weiterer Aminosäuren wie Asparagin, Threonin, Lysin, Methionin, Prolin, Glutamin und Arginin. Dies bedeutet, daß bei fast der Hälfte aller proteinogenen Aminosäuren die C-Grundgerüste Abkömmlinge von 2-Oxoglutarat oder Oxalacetat sind. Beide 2-Oxosäuren sind Intermediate des in den Mitochondrien lokalisierten Tricarbonsäurecyclus und können zwischen den verschiedenen Zellkompartimenten ausgetauscht werden.

Die Verluste der Metabolite des Tricarbonsäurecyclus durch anaplerotische Reaktionen werden durch die Tätigkeit des Enzyms Phosphoenolpyruvatcarboxylase (PEPCase) ausgeglichen, das die Bindung von CO_2 an Phosphoenolpyruvat (PEP), einem direkten Photosyntheseprodukt, unter Bildung von Oxalacetat durchführt. Inwieweit aber die Intermediate des Tricarbonsäurecyclus als Substrate der Aminosäure-Synthese herangezogen werden oder ob noch alternative Synthesewege zur Biosynthese von Oxalacetat und 2-Oxoglutarat bestehen, ist derzeit Gegenstand intensiver Diskussion (Gadal et al. 1994).

In C_4-Pflanzen hat die PEPCase eine zusätzliche Funktion. Dort findet die CO_2-Vorfixierung durch eine C_4-Typ-spezifische PEPCase statt. Die PEPCasen vom C_3- bzw. C_4-Typ unterscheiden sich, neben der unterschiedlichen Regulation durch allosterische Effektoren, besonders in ihrer Affinität zum Substrat Phosphoenolpyruvat (PEP). Die PEPCase vom C_3-Typ besitzt eine deutlich höhere Affinität zu PEP.

Die Tätigkeit der im Cytoplasma lokalisierten PEPCase wird auf mehrfache Weise reguliert. Anorganische Stickstoffverbindungen führen zu einem Anstieg des PEPCase Transkriptpegels, gefolgt von einem Anstieg an PEPCase-Protein. Die Regulation der PEPCase erfolgt aber nicht nur auf der Stufe der Transkription, sondern es sind zusätzlich posttranslationale Modifikationen beteiligt. Durch eine Phosphorylierung mittels einer lichtregulierten Proteinkinase wird die Aktivität der PEPCase gesteigert. Das Ausmaß der Phosphorylierungsaktivität wird durch Nitrat (wahrscheinlich vermittelt über das Assimilationsprodukt Glutamin) gesteuert

(Manh et al. 1993, Foyer et al. 1994b). Auf diese Weise kann einem erhöhten Bedarf an Kohlenstoffgrundgerüsten aufgrund einer erhöhten N-Assimilation durch eine gesteigerte Bildung von Oxalacetat entsprochen werden.

Die Regulation durch den Phosphorylierungszustand des Enzyms erfolgt zumindest bei PEPCasen vom C_4-Typ nur grob. Eine zusätzliche Feinregulation kann durch den Gehalt allosterischer Regulatoren (Glucose-6-phosphat, Malat) erreicht werden.

Die gezielte Mutagenese zusammen mit der Expression des Enzyms in einem bakteriellen System (E. coli) ließen erkennen, welche Aminosäuren innerhalb der Primärstruktur für die Regulation über die Phosphorylierung verantwortlich sind. Gleichzeitig konnten einzelne Aminosäuren identifiziert werden, die die Affinität des Enzyms zum Substrat (PEP) oder die Reaktionsgeschwindigkeit beeinflussen (Rajagopalan et al. 1994).

Mit transgenem Tabak, der ein zusätzliches PEPCase-Gen aus Mais enthielt, konnte bewiesen werden, daß eine zusätzliche CO_2-Fixierung durch das neu eingeschleuste Enzym im Prinzip möglich ist, und daß auch insgesamt höhere Gehalte an Dicarbonsäuren innerhalb der Pflanzen akkumulieren können (Hudspeth et al. 1992). Experimente stehen noch aus, wie sich dies auf die Stickstoffassimilation auswirkt.

Eine gesteigerte Nitratversorgung führt neben dem Anstieg der PEPCase-Aktivität zu einer Senkung der Saccharosesynthase-Aktivität, dem Schlüsselenzym der Saccharosesynthese. Auch an der Modulation der Saccharosesynthase-Enzymaktivität sind Phosphorylierungs/Dephosphorylierungsprozesse beteiligt. Auf diese Weise werden Teile des photosynthetisch fixierten Kohlenstoffs von der Kohlenhydratsynthese zur Synthese von organischen Säuren und Aminosäuren umgeleitet (Melzer und O´Leary 1987), ohne daß die Nettofixierung von CO_2 tangiert wird (Champigny und Foyer 1992).

Die Synthese von 2-Oxoglutarat wird durch die Decarboxylierung von Isocitrat durch das Enzym Isocitratdehydrogenase (IDH) katalysiert (Isocitrat + NAD(P)$^+$ + 2H$^+$ $\rightarrow$ 2-Oxoglutarat + NAD(P)H$_2$ + CO_2). Isocitrat kommt als Intermediat des Tricarbonsäurecyclus in den Mitochondrien vor. Das Isocitrat steht aber auch im Cytoplasma als Substrat zur Verfügung, denn es wird dort von einer cytoplasmatisch lokalisierten Aconitase aus Citrat gebildet. Citrat wird in relativ hoher Konzentration in der Vakuole gespeichert und steht vermutlich über Diffusionsprozesse mit dem Cytoplasma in Verbindung.

Die Isocitratdehydrogenase (IDH) wird durch eine Multigenfamilie kodiert, deren Expression zur Bildung mehrerer Isoenzyme führt. Diese unterscheiden sich im Hinblick auf ihre Spezifität für Pyridinnukleotide und ihrer intrazellulären Kompartimentierung. In Chloroplasten und im Cytosol findet man eine NADP-spezifische IDH, während die mitochondriale Isocitratdehydrogenase-Isoform NAD als Cosubstrat verwendet. Vieles spricht dafür, daß hauptsächlich die cytoplasmatische NADP-IDH für die Synthese von 2-Oxoglutarat für die Bindung von Ammonium in organische Verbindung verantwortlich ist (Gadal et al. 1994).Diese cytoplasmatisch lokalisierte Isoform der IDH ist es auch, deren Expressionpegel durch Licht und auch durch Nitrat gesteuert wird. Bemerkenswert in diesem Zusammenhang ist jedoch, daß die steigernde Wirkung von Stickstoff auf den Aktivitätspegel der IDH vergleichsweise gering ausfällt. Bei vielen Spezies wird oft, auch bei einer saturierten Nitratversorgung, eine Steigerung der Enzymaktivität von weniger als 50% beobachtet. Dies gilt ebenfalls für die induzierende Wirkung von Nitrat auf die PEPCase-Aktivität. Dies wirft folglich die Frage auf, ob der Strom von C-Skeletten dem jeweiligen Angebot an reduziertem Stickstoff angepaßt ist. Nachdem in jüngster Zeit die Klonierungen der Gene für die PEPCase vom C_3-Typ (Lepiniec et al. 1993) und der Isocitratdehydrogenase (Udvardi et al. 1993) gelungen sind, kann nun geprüft werden, wie sich ein gesteigertes bzw. vermindertes Angebot von Kohlenstoffgrundgerüsten auf die N-Assimilationsleistung auswirkt. Sowohl Überexpression als auch Blockierung durch die antisense-Technik kommen hier in Betracht.

Aber nicht immer ist ein hoher Stickstoff- bzw. Proteingehalt im Ertragsgut erwünscht. In vielen Fällen sollte das C/N-Verhältnis möglichst groß sein, wie zum Beispiel bei der Gewinnung von Holz, Fasern, Stärke, technischen Ölen oder allgemein Biomasse zur Energiegewinnung. In diesen Systemen wird Stickstoff vor allem zur Ausbildung des Photosyntheseapparates benötigt. Die RUBISCO, die die CO_2-Fixierung bei der Photosynthese katalysiert, ist das mengenmäßig häufigste Protein und kann in Blättern bis zu 50% des gesamten löslichen Zellproteins ausmachen. Unter natürlichen Verhältnissen enthalten die grünen Pflanzenteile weit mehr von diesem Protein als tatsächlich für die CO_2-Fixierung benötigt wird, denn das Protein ist ein idealer Speicher für Stickstoff und Schwefel (Stitt und Schulze 1994). Eine gentechnologische Reduktion des RUBISCO-Gehaltes um mehr als 40% hat deshalb keinen negativen Effekt auf die Photosyntheseleistung (Quick et al. 1991). Solche Pflanzen zeigen dann jedoch bei geringer Stickstoffversorgung im Vergleich zur Wildtyp-Pflanze ein besseres Wachstum, da bis zu 15% Stickstoff bei der Synthese des Proteins eingespart werden kann (Quick et al. 1992). Dieses Beispiel zeigt, daß es durchaus möglich ist, durch die Modifikation der Expression eines einzelnen Gens den Ertrag an Biomasse bei einem geringeren Einsatz von N-Düngemittel zu verbessern und damit die Effizienz der Stickstoff-Nutzung zu erhöhen.

Die biologische N_2-Fixierung

Einige dafür spezialisierte Pflanzenspezies besitzen die Fähigkeit, indirekt das N_2 der Atmosphäre als Stickstoffquelle zu nutzen. Sie gehen dazu eine enge Assoziation mit N_2-fixierenden (diazotrophen) Prokaryoten ein (Hirsch 1992). Diese

Bakterien können den molekularen Stickstoff der Atmosphäre zu Ammonium reduzieren. Dadurch werden jährlich weltweit mehr als 10^{11} kg atmosphärischer Stickstoff gebunden. Davon sind ca. 80% auf die Aktivität der Rhizobien-Leguminosen(Fabaceen)-Symbiose zurückzuführen. Die restlichen 20% werden durch freilebende Cyanobakterien der terrestrischen und marinen Ökosysteme sowie durch Bodenbakterien – freilebend oder mit bestimmten Wirtspflanzen in der Rhizosphäre assoziiert – fixiert (John und Schmidt 1992).

Die Symbiose zwischen den Bodenbakterien der Gattungen *Rhizobium* bzw. *Bradyrhizobium* und Leguminosen kann dem Boden bis zu 300 kg N/ha·a zuführen. Diese Tatsache hatte man sich in der Landwirtschaft z.B. durch die Gründüngung zunutze gemacht.

Die Entwicklung des Zusammenlebens zwischen den beiden Organismen ist ein komplexer Vorgang, bei dem es schließlich an den Wurzeln der Wirtspflanze zur Bildung von Wurzelknöllchen kommt. Die Wechselwirkungen zwischen Rhizobien und den Wirtspflanzen sind hochgradig spezifisch. So kann eine Rhizobien-Art lediglich eine oder allenfalls einige wenige Pflanzenspezies besiedeln. Die Ausbildung der Symbiose ist vom Austausch von Signalen zwischen beiden Partnern begleitet.

Das erste Signal geht von der Pflanze aus. Die Signalstoffe sind Produkte des Phenylpropanstoffwechsels, Flavonoide und Isoflavonoide, die von der Pflanzenwurzel ausgeschieden und von den Rhizobien erkannt werden. Danach kommt es zur Anlagerung der Bakterien an die Wurzelhaare. Die pflanzlichen Signalmoleküle bewirken eine Induktion der sogenannten *nod*-Gene der Rhizobien. Aber nicht alle Flavonoide wirken aktivierend, manche haben sogar eine inaktivierende Wirkung, so daß das Verhältnis aktivierender zu hemmender Substanzen den Ausschlag über die Induktion einer Nodulation gibt (Kondorosi 1992).

Die *nod*-Genprodukte produzieren ihrerseits ein Signalmolekül, ein Lipooligosaccharid (*nod*-Faktor), das als Signal für die Wurzelhaarkrümmung und die Teilung der Wurzel-Kortexzellen, möglicherweise über eine Änderung des Hormonhaushalts der Pflanze, wirkt. Dies führt schließlich zur Bildung der Knöllchenstrukturen an den Wurzeln der Wirtspflanzen. Gleichzeitig dringen die Bakterien über einen Infektionsschlauch in das Wurzelgewebe ein und werden in das Cytoplasma der jeweiligen Wirtszelle freigesetzt. Dort differenzieren sie sich in ihre endosymbiontische Form, die man als Bakteroide bezeichnet.

In Gegenwart von pflanzenverfügbarem Stickstoff (Nitrat) ist die Ausbildung der Rhizobien-Leguminosen-Symbiose unterbunden oder zumindest stark eingeschränkt. Bereits bei der Anlagerung der Bakterien an die Wurzel und der Krümmung der Wurzelhaare wird der pflanzenverfügbare Stickstoff wirksam. Eine Veränderung der Zusammensetzung der Flavonoide innerhalb der Pflanze als Reaktion auf eine Stickstoffgabe scheint die entscheidende Rolle zu spielen (Ratet et al. 1994).

Werden Pflanzen knapp an Stickstoff gehalten, beobachtet man einen Anstieg der Expression von Genen, die an der Flavonoidbiosynthese beteiligt sind. Gleichzeitig steigt auch der Gehalt an verschiedenen Flavonoiden und Isoflavonoiden an.

Durch eine gezielte gentechnologische Umsteuerung des Flavonoidstoffwechsels, nach Möglichkeit beschränkt auf die Wurzeln, könnte vermutlich erreicht werden, daß auch bei einem erhöhten Angebot an pflanzenverfügbarem Stickstoff eine Ausbildung von Knöllchen erfolgen und so die biologische N_2-Fixierung für die N-Assimilationsleistung der Leguminosen auch unter diesen Bedingungen genutzt werden kann.

Für die enzymkatalysierte Reduktion des molekularen Distickstoffs ist die Nitrogenase verantwortlich. Sie wird ausschließlich in Prokaryoten synthetisiert und besteht aus zwei Proteinuntereinheiten, einem Eisen (Fe)-Protein und einem Eisen-Molybdän (FeMo)-Protein.

Mit der Reduktion des molekularen Stickstoffs zum Ammonium ist immer eine Reduktion von Protonen zu molekularem Wasserstoff verbunden. Diese Nebenreaktion der Nitrogenase läßt sich offensichtlich aufgrund ihrer strukturellen Eigenschaften nicht verhindern, denn sie wurde bisher bei allen biologischen N_2-fixierenden Systemen gefunden.

Dies bedeutet, daß für jede N_2-Reduktion insgesamt acht Elektronen benötigt werden ($N_2 + 8H^+ + 8e^- + 16ATP \rightarrow 2NH_3 + H_2 + 16ADP + 16P_i$). Die Bildung von Ammonium erfordert zusätzlich 16 Moleküle ATP pro fixiertes N_2-Molekül. Obwohl die Reduktion des Distickstoffs zum Ammoniak thermodynamisch begünstigt ist, benötigt man ein hohes Maß an Aktivierungsenergie, damit das inerte N_2-Molekül reagieren kann.

Der Nitrogenase-Enzymkomplex ist einerseits extrem sauerstoffempfindlich, andererseits sind die Bakteroide aber zur Aufrechterhaltung ihres Stoffwechsels auf die Zufuhr von Sauerstoff angewiesen. Dieses Dilemma wird durch die Synthese eines echten symbiontischen Proteins, dem Leghämoglobin, einem dem Hämoglobin verwandten Pigment, gelöst. Es läßt das bakteroidenerfüllte Gewebe rotgefärbt erscheinen. Beide Partner steuern einen Baustein für die Biosynthese des Moleküls bei. Der Proteinanteil wird von der Pflanze synthetisiert, während die prosthetische Gruppe vom Bakterium geliefert wird. Das Leghämoglobin versorgt die Bakteroide mit Sauerstoff, hält aber gleichzeitig durch dessen Bindung die Konzentration an freiem Sauerstoff so niedrig, daß die Nitrogenase nicht geschädigt wird.

Für den Prozeß der N_2-Fixierung sind die Strukturgene für die Nitrogenase (*nif* H, D, K) sowie weitere Gene erforderlich, deren Funktionen zum Teil noch unbekannt sind. Die Rhizobium-Leguminosen-Symbiose benötigt zusätzlich die *nod*-Gene des Bakteriums, die für die Ausbildung der Knöllchen, sowie für die Wirtsspezifität verantwortlich sind. Veränderungen dieser Gene führen zu einer Änderung des Wirtsspektrums der Bakterien.

Die Entwicklung der Symbiose zwischen Rhizobien und Leguminosen benötigt neben der Expression bakterieller Gene auch die spezifische Expression pflanzlicher Gene. Ihre Genprodukte werden allgemein als Noduline bezeichnet, zu denen die Proteinkomponente des eben erwähnten Leghämoglobins oder eine knöllchenspezifische Glutaminsynthetase gehören, die das in die Wurzelzellen ausgeschiedene Ammonium bindet.

Die N_2-Fixierung kommt bei Kulturpflanzen nur bei Leguminosen in Symbiose mit Rhizobien vor. Alle Nicht-Leguminosen, das heißt auch alle Getreidesorten, haben keine Möglichkeit, atmosphärischen Distickstoff zu nutzen, sondern sind auf mineralische N-Verbindungen angewiesen.

Verglichen mit dem Einsatz mineralischen N-Düngers tritt die Bedeutung der biologischen N_2-Bindung in der Landwirtschaft zurück. Dafür gibt es mehrere Gründe. Um die Agrarflächen in Deutschland ausreichend mit Stickstoff zu versorgen, müßten 40% der landwirtschaftlichen Nutzfläche jeweils mit Fabaceen bebaut werden und stünden nicht zur Produktion anderer Agrarprodukte zur Verfügung. Zusätzlich wirken sich die bereits angesprochenen negativen Folgen einer organischen Stickstoffdüngung belastend aus.

Experten stehen dem verlockenden Gedanken, die Gene, die für die Nitrogenase-Funktion kodieren, gentechnisch in Nicht-Leguminosen wie etwa Mais oder Weizen zu übertragen, skeptisch gegenüber. Grund für den gedämpften Optimismus ist, daß sich an der Ausbildung eines funktionsfähigen Wurzelknöllchens mehr als 20 bakterielle und mindestens ebensoviele pflanzliche Gene beteiligen. Ein Großteil hat regulatorische Funktion. Die Schwierigkeit liegt nicht in der Übertragung der bakteriellen Gene in die Nutzpflanze, sondern in deren koordinierter Expression.

Ein weiterer Ansatz mit dem Ziel, die Nutzung atmosphärischen N_2 durch Nicht-Leguminosen zu ermöglichen, besteht in der Erweiterung des Wirtsspektrums der Rhizobien durch eine gezielte Modifizierung der *nod*-Gene.

Erste Schritte in dieser Richtung zeigen, daß eine Besiedelung von Mais-, Gerste- und Rapswurzeln unter geeigneten Bedingungen mit Rhizobien durchaus möglich ist (Jing et al. 1990, Al-Mallah et al. 1990), sofern es gelingt, durch eine geeignete Hormonbehandlung knöllchenähnliche Strukturen an den Wurzeln der Zielpflanze zu induzieren. Untersuchungen an Soja belegen, daß Nitratassimilation und N_2-Fixierung im Prinzip nebeneinander ablaufen können. Durch die Optimierung des Verhältnisses beider Assimilationswege sollte sich ohne Ertragsverlust mineralischer N-Dünger einsparen lassen (Kimou et al. 1993).

Bestrebungen, die Assoziationen freilebender N_2-Fixierer auf landwirtschaftliche Nutzpflanzen auszudehnen, erscheinen ebenfalls erfolgversprechend (Christiansenweniger und Vanderleyden 1994).

Die Aktivität freilebender, N_2-fixierender Mikroorganismen wird im wesentlichen von der Gegenwart leichtabbaubarer Kohlenhydrate und vom Sauerstoffpartialdruck bestimmt und ist deshalb im Vergleich zur symbiontischen Distickstoffixierung deutlich geringer (oft nur 1 kg N/ha·a). In den meisten Fällen finden die Stickstoff-bindenden Bakterien jedoch gute Bedingungen an der Wurzeloberfläche bzw. in der Rhizosphäre, da ihnen hier über Wurzelausscheidung sowie über absterbende Wurzelreste vermehrt organisches Material für die Deckung ihrer hohen Energiekosten zur Verfügung steht. Man weiß, daß bis zu 7% der gesamten Trockenmasseproduktion einer Pflanze als organische Substanz in die Rhizosphäre abgegeben wird (Marschner 1986). Zudem wird durch die Wurzelatmung der O_2-Partialdruck in der Rhizosphäre reduziert, was die Aktivität der Nitrogenase fördert.

Die Ausdehnung der Kapazität der N_2-Fixierung, sei es durch Erweiterung des Wirtsspektrums der N_2-Fixierer oder Übertragung der *nif*-Gene auf andere Bodenbakterien, die die Fähigkeit zur N_2-Fixierung noch nicht besitzen, erfordert ein erhöhtes Angebot an Kohlehydraten, um die immensen Energiekosten für die N_2-Reduktion zu decken. In jedem Fall müssen die Agrarpflanzen dahingehend abgewandelt werden, daß sie genügend organisches Material aus dem Wurzelsystem ausscheiden, das den Bakterien als Kohlenstoffquelle dienen kann. Allerdings konnten die dafür verantwortlichen Gene noch nicht identifiziert werden.

Für die Bereitstellung der Energie zur Reduktion des Distickstoffs ist in allen Fällen die photoautotrophe Pflanze zuständig. Diese Energiemengen stehen dann nicht mehr zur Biomasseproduktion zur Verfügung. Entsprechend begrenzt ist die Bildung von Ertragsgut bei Leguminosen im Vergleich zu Getreide (Mohr und Schopfer 1992).

Außerdem stellen die hohe Sauerstoffempfindlichkeit der Nitrogenase und die Hemmung der Nitrogenase-Funktion durch anorganische Stickstoffverbindungen Probleme dar. Der verminderten Expression der Nitrogenase in Gegenwart von Nitrat kann durch geeignete Veränderung des Bakteriums begegnet werden. Schon heute sind Stämme bekannt, die auch bei hohen Nitratkonzentrationen noch beträchtliche Mengen N_2 in Ammonium umwandeln und ausscheiden können. Ebenfalls wird es durch die inzwischen gelungene Kristallisation der Nitrogenase und des im Detail aufgeklärten Reaktionsmechanismus wahrscheinlich möglich sein, die Nitrogenase so zu verändern, daß die N_2-reduzierende Aktivität nicht mehr durch Nitrat gehemmt wird (Kim und Rees 1994).

Die direkte Kombination der N_2-fixierenden Eigenschaften mit Kulturpflanzen wie Getreide oder Raps hätte den Vorteil, daß, aufgrund der Abhängigkeit der Prokaryoten von der Versorgung mit Kohlenhydraten durch die Pflanze, die Bindung von N_2 in organisches Material nur zu den Zeiten erfolgt, in denen auch ein hoher Bedarf für assimilierten Stickstoff seitens der Kulturpflanze besteht. Der bei einer Gründüngung durch die Rhizobien-Leguminosen-Symbiose erforderliche Zwischenschritt der Mineralisierung des organischen Stickstoffs, verbunden mit seinen unerwünschten Konsequenzen (Nitratauswaschung), wäre dann nicht mehr erforderlich.

Die verstärkte Nutzung der biologischen N_2-Fixierung in der Landwirtschaft wird den Einsatz von mineralischem N-Dünger nicht ersetzen können. Möglicherweise wird aber eine Reduktion der N-Düngermengen ohne dramatische Ertragseinbußen möglich sein (Marschner 1986).

Die Regulation des N-assimilierenden Apparates: eine Zusammenfassung

Nitrat und Ammonium werden von den Pflanzen als N-Quelle genutzt. Koniferen nehmen bevorzugt NH_4^+-N auf. Ein erhöhtes Ammoniumangebot im Bodenwasser verursacht jedoch einen massiven Verlust an Kalium-Ionen aus der Wurzel in den Boden sowie eine erhöhte Akkumulation von Ammonium und Glutamin in den Keimpflanzen, z.B. der Waldkiefer. Durch eine verbesserte Kaliumversorgung kann den Verlusten entgegengewirkt werden, und die Assimilation von Ammonium und Glutamin in Protein wird gesteigert. Die Fallstudie an Kiefernkeimlingen zeigt, welch große Bedeutung die Kalium-Versorgung für eine optimale Proteinsynthese hat (Flaig und Mohr 1992). In einem nächsten Schritt muß nun der Mechanismus des Ammonium-bedingten Kalium-Verlusts geklärt werden, um festzustellen, ob eine Entkopplung von Ammonium-Aufnahme und Kalium-Abgabe züchterisch zu realisieren ist.

Die Untersuchungen zeigen weiterhin, daß bei einem erhöhten NH_4^+-Angebot die Verarbeitung von exogen aufgenommenen Ammonium, zumindest bei Senf und Kiefer, völlig überfordert ist. Die Sequenz der N-assimilierenden Enzyme ist lediglich auf die Assimilation von größeren exogenen Nitratmengen abgestimmt, nicht jedoch auf die Verarbeitung größerer Mengen an aufgenommenem Ammonium.

Alle Enzyme der Nitratreduktion und der Ammoniumassimilation werden durch Nitrat induziert. Neben Nitrat ist Licht, im wesentlichen vermittelt über das Phytochromsystem, wichtigster regulierender Faktor. An den beiden gut untersuchten Beispielen des Kiefern- und Senfkeimlings wird deutlich, daß Licht und Nitrat einen unterschiedlich starken Einfluß auf die Steigerung der einzelnen Enzympegel des Stickstoff-assimilierenden Apparates ausüben (Tabelle 5). Die Wirksamkeit des Nitrats nimmt diesbezüglich innerhalb der Sequenz der nitratassimilierenden Enzyme ab. Gleichzeitig gewinnt das Licht an Bedeutung.

Der Beitrag der Faktoren Nitrat und Licht zur Regulation der einzelnen Enzyme des Stickstoff-assimilierenden Apparates spiegelt die physiologischen Aufgaben des jeweiligen Enzyms wider. Die Expression der Nitrat- und Nitritreduktase wird vergleichsweise stark durch Nitrat beeinflußt. Da jedoch für eine Weiterverarbeitung der Produkte Nitrit und Ammonium Licht notwendig ist (Reduktionsäquivalente, C-Gerüste), kommt auch diesem Faktor für die Expression dieser beiden Enzyme eine angemessene Bedeutung zu. Ohne den Faktor Licht fällt die Nitrat-Induktion sehr viel niedriger aus.

Tabelle 5. Faktoren der Steigerung der Aktivitätspegel von NR (Nitratreduktase), NiR (Nitritreduktase), GS (Glutaminsynthetase), Fd-GOGAT (Ferredoxin-abhängige Glutamatsynthase) und AlAT (Alaninaminotransferase) in den Kotyledonen des Kiefern- und Senfkeimlings durch Nitrat und Licht. Daten aus Weber et al. 1990, Elmlinger und Mohr 1991, Elmlinger und Mohr 1992, Otter et al. 1992, Mohr et al. 1992, Penther und Mohr 1994, Neininger et al. 1994b, Seith et al. 1994b

Enzyme	Nitrat		Licht	
	Kiefer	Senf	Kiefer	Senf
NR	>> 11	9	< 2	1.0
NiR	11	7	2.1	1.2
GS	1.1	1.2	2.8	2.5
Fd-GOGAT	1.3	4	4.2	9
AlAT	1.0	1.3	2.0	2.5

Die Enzyme des GS/GOGAT-Cyclus, Glutaminsynthetase und Glutamatsynthase, binden nicht nur Ammonium aus der Nitratreduktion in organische Substanz, sondern sind zusätzlich für die Eliminierung von photorespiratorisch entstandenem Ammonium verantwortlich. Da man davon ausgeht, daß unter natürlichen Bedingungen die Produktion von Ammonium aus der Photorespiration diejenige der Nitratreduktion bei weitem übertrifft, leuchtet die größere Bedeutung des Lichts für die Regulation der beiden am GS/GOGAT-Cyclus beteiligten Enzyme ein.

Die Aminotransferasen sind zwar die terminalen Enzyme der Nitratassimilation und verteilen den netto-assimilierten Stickstoff auf die verschiedenen Aminosäuren, dennoch üben sie multiple Funktionen innerhalb des Stoffwechsels aus, so z.B. bei der Verteilung von C-Skeletten und Reduktionsäquivalenten in den Zellen oder bei der Unterhaltung des photorespiratorischen N-Cyclus. Diese Stoffwechselwege stehen in engem Zusammenhang mit der Photosynthese. Die Assimilation von Stickstoff tritt dabei quantitativ zurück, so daß die Regulation hauptsächlich durch Licht erfolgt.

Ein Vergleich der absoluten Enzymaktivitäten der direkt an der N-Assimilation beteiligten Enzyme zeigt, daß bei einem Wachstum der Pflanzen im Licht in Gegenwart von Nitrat die Kapazität der nacheinander ablaufenden Reaktionsschritte, mit Ausnahme der GOGAT-Enzymreaktion, innerhalb der Enzymsequenz stetig ansteigt (Abb. 13). Dadurch wird erreicht, daß ein kontinuierlicher Fluß vom Nitrat hin zu den Aminosäuren gewährleistet ist, ohne daß es zu Staus und zur Anhäufung von Zwischenprodukten innerhalb des Stoffwechselweges der N-Assimilation kommt. Die etwas geringeren GOGAT-Pegel hängen möglicherweise mit der Rolle des Metaboliten Glutamin als Regulator und Transport-Aminosäure zusammen. Die Analyse der einzelnen Mutanten bzw. der in den jeweiligen Enzympegeln veränderten transgenen Pflanzen zeigen eindeutig, daß weitaus mehr Enzymaktivität, auch zur Verarbeitung eines hohen externen Nitratangebots, vorhanden ist als tatsächlich benötigt wird. Selbst bei einer sättigenden Nitratversorgung (in der Regel in der Größenordnung von 15mM NO_3^-) ist eine Limitierung der N-Assimilation durch eines der beteiligten Enzyme nicht zu erkennen. Aus diesen Ergebnissen muß man den Schluß ziehen, daß die Pegel der direkt nitratverarbeitenden Enzyme die Assimilation des aufgenommenen Nitrats nicht begrenzen. Dies bedeutet, daß die bisher verfolgten Bemühungen, durch eine gezielte Steigerung der Kapazität eines einzelnen enzymatischen Reaktionschritts innerhalb der Reaktionssequenz zu einer gesteigerten N-Assimilationsleistung zu gelangen, nicht zum Erfolg führen werden. Vielmehr scheint die Kapazität der Nachlieferung von 2-Oxosäuren, insbesondere von 2-Oxoglutarat und Oxalacetat, aus den Cyclen des Kohlenhydratstoffwechsels der eigentliche Engpass der Nitratassimilation zu sein. Erste konkrete Hinweise eines quantitativen Zusammenhangs zwischen N-Assimilationsleistung und der Verfügbarkeit von Photosyntheseprodukten zeigen Experimente, bei denen die Synthese von Kohlenhydraten durch antisense-Inhibierung der Ribulosebisphosphat-Carboxylase, dem Schlüsselenzym der C-Assimilation, unterbunden wurde. Der auf diese drastische Weise erzwungene Rückgang der Produktion an Kohlenstoffgrundgerüsten führt zu einem erheblichen Rückgang der Nitratassimilation in diesen transgenen Pflanzen. Parallel dazu beobachtet man eine Verminderung der Nitratreduktase-Aktivität und eine dadurch bedingte Akkumulation von freiem Nitrat in den Pflanzen (Stitt und Schulze 1994). Es bleibt nun zu klären, ob der Rückgang der Nitratreduktase-Aktivität direkt mit der Verfügbarkeit von Photosyntheseprodukten in Zusammenhang steht oder sekundär durch andere Metabolite der N-Assimilation verursacht wird.

Dennoch ist nicht allein die absolute Menge der Photosyntheseprodukte für das Ausmaß der N-Assimilationsleistung entscheidend, sondern vielmehr, welcher Anteil davon für die Produktion von Aminosäuren bzw. für die Synthese von Kohlenhydraten verwendet wird, wie die Untersuchungen zur Aufteilung des C-Assimilatstroms durch Modulation der Enzymaktivität von Saccharosesynthase und PEPCase zeigen.

Transgene Pflanzen, die über eine gesteigerte Syntheseleistung von 2-Oxoglutarat und Oxalacetat verfügen, werden Klarheit darüber verschaffen können, ob durch eine vermehrte Bereitstellung von Kohlenstoffgrundgerüsten eine verbesserte N-Assimilationsleistung zu erzielen ist.

Darüber hinaus dienen die Methoden der Gentechnologie als hilfreiche Werkzeuge, die Einsicht in den Mechanismus der N-Assimilation weiter zu verbessern. In erster Linie muß das Verständnis für die bisher einer molekularen und gentechnologischen Analyse nicht zugänglichen Prozesse des Stickstofftransports weiter vertieft werden. Bezüglich des Nitrattransports ist es wichtig, Pflanzen zu gewinnen, die auch bei geringen Außen- und Bodentemperaturen größere Mengen an Nitrat aufnehmen und verarbeiten können, um die im Herbst und Frühjahr freiwerdenden Nitratmengen festzulegen (Lainé et al. 1993). Vorrangig kommt es darauf an, die

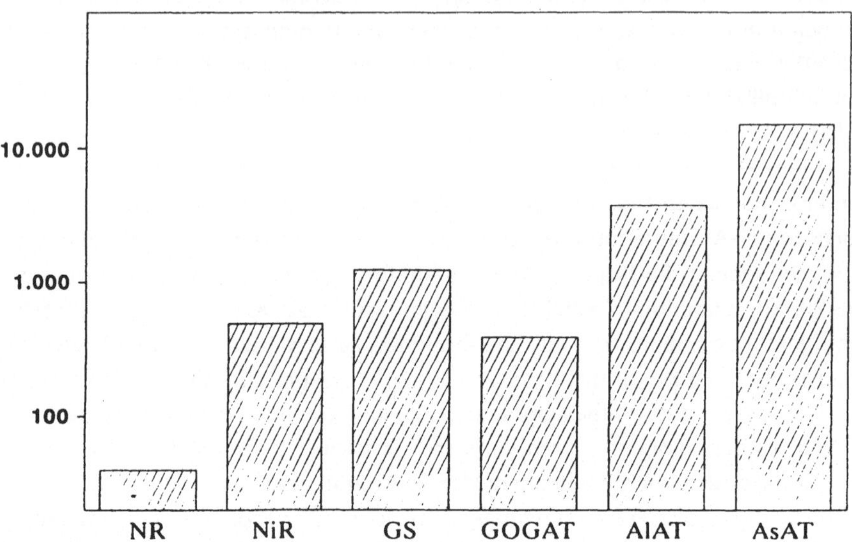

Abb. 13. Logarithmische Darstellung der Enzym-Pegel des stickstoffassimilierenden Apparates in den Kotyledonen des Senfkeimlings (*Sinapis alba* L.). Die Pflanzen wurden im Rotlicht in Gegenwart von 15mM Nitrat angezogen. NR, Nitratreduktase; NiR, Nitritreduktase; GS, Glutaminsynthetase; GOGAT, Glutamat-Oxoglutarat-Aminotransferase = Glutamatsynthase; AlAT, Alanin-Aminotransferase; AsAT, Aspartat-Aminotransferase

Geschwindigkeit der Nitrataufnahme, auch bei geringeren Nitratkonzentrationen in der Bodenlösung, zu steigern, um das von Auswaschung bedrohte Nitrat-Ion möglichst schnell zu fixieren. Aber auch die Verteilung von Nitrat innerhalb der Zelle und der Pflanze sind wichtige Gesichtspunkte für die Stickstoffassimilation, ebenso wie der Verteilerschlüssel für die Assimilationsprodukte. Die Voraussetzungen für eine gentechnologische Untersuchung der Transportprozesse wurden neuerdings geschaffen, und die Ergebnisse werden vermutlich Klarheit darüber geben, welche Bedeutung den Translokationsprozessen zukommt.

Weiterhin ist von großem Interesse, wie der Stickstoffmetabolismus mit anderen Stoffwechselbereichen wie dem Kohlenstoff-, dem Wasser- oder Hormonhaushalt und der Photosynthese zusammenhängt.

Da alle diese Umsetzungen von einer Vielzahl von Genen kontrolliert werden, ist es wichtig, die Regulation ganzer Stoffwechselwege zu verstehen. Dafür ist Voraussetzung, daß alle beteiligten Enzyme und Gene charakterisiert sind. Dies ist im Fall der Nitratassimilation geschehen, und angesichts der nun verfügbaren Methoden werden auf der nächsten Stufe die regulierenden Faktoren (*trans* acting factors) ins Blickfeld rücken.

Was kann man von der Gentechnik erwarten?

Transgene Pflanzen haben entscheidend dazu beigetragen, das verläßliche Wissen über den Mechanismus der Nitrat-/Ammonium-Assimilation zu mehren. Auf der Grundlage dieses Wissens konnten neuartige Herbizide entwickelt werden. Interessant erscheinen derzeit vor allem solche Herbizide, deren Wirkmechanismen auf dem Phänomen der Ammoniumtoxizität beruhen: Eine im übrigen neutrale Substanz, die spezifisch die GS hemmt, wird dadurch, daß sie eine Ammoniumakkumulation bewirkt, „automatisch" zum Herbizid. Andererseits ist es möglich, die gewünschten Kulturpflanzen genetisch so zu verändern, daß sie die GS-Enzymaktivität überproduzieren und dadurch gegen das neue Herbizid resistent sind.

Ein eindruckvolles Beispiel für die Möglichkeit dieses Vorgehens wurde am Beispiel des Glufosinats geschildert. Transgene Tabakpflanzen, die ein GS-Gen von Alfalfa überexprimieren, zeigen einen 5fachen Anstieg der spezifischen GS-Aktivität und einen 20fachen Anstieg in der Resistenz gegenüber L-Phosphinothricin (Eckes et al. 1989).

Kann man auf eine rasche Verbesserung des Systems der Nitratassimilation über gentechnische Eingriffe hoffen? Unsere Erwartungen sind auch am Ende der Studie ähnlich gedämpft, wie seinerzeit zu Beginn (Mohr 1990). Das Hauptproblem liegt darin, wie auch bei dem Versuch einer gentechnischen Verbesserung der Photosynthese, daß polygenische Funktionssysteme in der Regel von Natur aus derart optimiert sind, daß jeder grobe Eingriff sich als Störung auswirkt. Es geht ja nicht darum, einzelne defekte Gene auszutauschen oder einzelne neue Gene einzuführen; das Ziel ist vielmehr, in ein bereits subtil optimiertes, durch viele Gene bestimmtes System verbessernd einzugreifen. Unter diesen Umständen sind der Gentechnik – zumindest vorläufig – Grenzen gesetzt.

Wenn man sich auf klare Züchtungsziele einigen kann, z. B. ein höheres C/N-Verhältnis bei Energiepflanzen, hohe Speicherkapazität für Nitrat bei Zwischenfrüchten oder bestimmte Aminosäuregehalte bei Futtermais, werden züchterische Erfolge nicht ausbleiben, ob sie nun auf klassischem Wege oder Gentechnik-gestützt erzielt werden. Die übergeordnete Zielsetzung darf dabei aber nicht aus dem Auge verloren werden: Es kommt darauf an, durch einen verbesserten Pflanzenbau zu einer raschen Lösung der Stickstoff-Problematik beizutragen.

Darüber hinaus bedürfen die hohen N-Emissionen aus der Tierhaltung einer drastischen Reduktion. Sowohl globale als auch regionale Daten zeigen, daß Maßnahmen überfällig sind, den Stickstoff-Kreislauf wieder in ein Fließgleichgewicht zu bringen. Dies wird ohne einen dramatischen Rückgang des Stickstoff-Inputs nicht möglich sein. Der gegenwärtige Input in den Stickstoff-Kreislauf übersteigt bei weitem die Menge, die durch die (terrestrische) Biosphäre assimiliert oder denitrifiziert werden kann (Mohr und Lehn 1994).

Die züchterische Optimierung des N-Aneignungsvermögens bei Kulturpflanzen und Haustieren, die eine Reduktion des Inputs ermöglichen würde, bleibt deshalb ein herausragendes Forschungsziel.

Unser Dank gilt der Heidelberger Akademie der Wissenschaften, die uns eine Forschungsstelle „Schwachstellen der Nitratassimilation" eingerichtet hat. Unser besonderer Dank gilt den beteiligten Doktoranden, besonders Herrn Dr. Holger Flaig.

Literatur

Die mit * gekennzeichneten Arbeiten wurden im Rahmen der Forschungsstelle „Schwachstellen der Nitratassimilation" der Heidelberger Akademie der Wissenschaften ausgeführt.

Al-Mallah M K, Davey M R, Cocking E C (1990) Nodulation of oilseed rape (*Brassica napus*) by rhizobia. J. Exp. Bot. 41:1567-1572

Aslam M, Huffaker R C (1989) Role of nitrate and nitrite in the induction of nitrite reductase in leaves of barley seedlings. Plant Physiol. 91:1152-1156

Aslam M, Travis, R L, Huffaker R C (1992) Comparative kinetics and reciprocal inhibition of nitrate and nitrite uptake in roots of uninduced and induced barley (*Hordeum vulgare* L.) seedlings. Plant Physiol. 99: 1124-1133

Atkinson D (1990) Influence of root system morphology and development on the need for fertilizers and the efficiency of use. In: Baligar V C, Duncan R R (eds.), Crops as Enhancers of Nutrient Use. Academic Press, San Diego

Back E, Burkhart W, Moyer M, Privalle L, Rothstein S (1988) Isolation of cDNA clones coding for spinach nitrite reductase: Complete sequence and nitrate induction. Mol. Gen. Genet. 212:20-26

Becker T W, Nefcampa C, Zehnacker C, Hirel B (1993) Implication of the phytochrome in light regulation of the tomato gene(s) encoding ferredoxin-dependent glutamate synthase. Plant Physiol. Biochem. 31:725-729

Bobbink R, Heil G W, Raessen M B A G (1992) Atmospheric deposition and canopy exchange processes in heathland ecosystems. Environmental Pollution 75: 29-37

Bowsher C G, Hucklesby D P, Emes M J (1993) Induction of ferredoxin-NADP$^+$ oxido-reductase and ferredoxin synthesis in pea root plastids during nitrate assimilation. Plant J. 3:463-67

Boxman A W, Krabbendam H, Bellemakers M J S, Roelofs G M (1991) Effects of ammonium and aluminium on the development and nutrition of *Pinus nigra* in hydroculture. Environmental Pollution 73:119-136

Brears T, Walker E L, Coruzzi G M (1991) A promotor sequence involved in cell-specific expression of the pea glutamine synthetase GS3A gene in organs of transgenic tobacco and alfalfa. Plant J. 1:235-244

Breteler H, Nissen P (1982) Effect of exogenous and endogenous nitrate concentration on nitrate utilization by dwarf bean. Plant Physiol. 70: 754-759

Bush D R (1993) Proton-coupled sugar and aminoacid transporters in plants. Annu. Rev. Plant Physiol. Plant Mol. Biol. 44:513-542

Chaillou S, Rideout J W, Raper C D, Morot-Gaudry J-F (1994) Responses of soybean to ammonium and nitrate supplied in combination to the whole root system or separately in a split-root system. Physiol. Plant. 90:259-268

Champigny M-L, Foyer C (1992) Nitrate activation of cytosolic protein kinases divert photosynthetic carbon from sucrose to aminoacid biosynthesis. Plant Physiol. 100:7-12

Chapin F S, Walter C H S, Clarkson, D. T. (1988) Growth response of barley and tomato to nitrogen stress and its control by abscisic acid, water relations and photosynthesis. Planta 173:352-366

Cheng C-L, Acedo G N, Cristinsin M, Conkling M A (1992) Sucrose mimics the light induction of *Arabidopsis* nitrate reductase gene transcription. Proc. Natl. Acad. Sci 89:1861-1864

Christiansenweniger C, Vanderleyden J (1994) Ammonium excreting *Azospirillum* sp. become intracellularly established in maize (*Zea mays*) para-nodules. Biol. Fert. Soils 17: 1-8

Cramer M D, Lewis O A M (1993) The influence of NO_3^- and NH_4^+ nutrition on carbon nitrogen partitioning characteristics of wheat (*Triticum aestivum* L.) and maize (*Zea mays* L.) plants. Plant and Soil 154:287-300

Crawford N M, Arst H N (1993) The molecular genetics of nitrate assimilation in fungi and plants. Annu. Rev. Genet. 27:115-146

Cresswell C F, Watt M P, Amory A M, Whittaker A (1990) The regulation of the reduction of inorganic nitrogen in chlorophyllous tissue: Uptake and reduction of nitrite by intact chloroplasts. In: Ullrich W R, Rigano C, Fuggi A, Aparicio P J (eds): Inorganic Nitrogen in Plants and Microorganisms. Uptake and Metabolism. Springer-Verlag, Berlin

Daniel-Vedele F, Caboche M (1993) A tobacco cDNA clone encoding a GATA-1 zinc finger protein homologous to regulators of nitrogen metabolism in fungi. Mol. Gen. Genet. 240:365-373

DeLa Torre A, Delgado B, Lara C (1991) Nitrate dependent O_2 evolution in intact leaves. Plant Physiol. 96:898-901

Deng M, D, Moureaux T, Chérel I, Boutin J P, Caboche M (1991) Effects of nitrogen metabolites on the regulation and circadian expression of tobacco nitrate reductase. Plant Physiol. Biochem. 29:239-247

Duncan R R, Baligar V C (1990) Genetics, breeding and physiological mechanisms of nutrient uptake and use efficiency: An overview. In: Baligar V C, Duncan R R (eds.), Crops as Enhancers of Nutrient Use. Academic Press, San Diego

Duncanson E, Gilkes A F, Kirk D W, Sherman A, Wray J L (1993) nir1, a conditional-lethal mutation in barley causing a defekt in nitrite reduction. Mol. Gen. Genet. 236:275-282

Eckes P, Schmitt P, Daub W, Wengenmayer F (1989) Overproduction of alfalfa glutamine synthetase in transgenic tobacco plants. Mol. Gen. Genet. 217:263-268

* Elmlinger M W, Bolle C, Batschauer A, Oelmüller R, Mohr H (1994) Coaction of blue light and light absorbed by phytochrome in control of glutamine synthetase gene expression in Scots pine (*Pinus sylvestris* L.) seedlings. Planta 192:189-194

* Elmlinger M W, Mohr H (1991) Coaction of blue/ultraviolet-A light and light absorbed by phytochrome in controlling the appearance of ferredoxin-dependent glutamate synthase in the Scots pine (*Pinus sylvestris* L.) seedling. Planta 183:374-380

* Elmlinger M W, Mohr H (1992) Glutamine synthetase in Scots pine seedlings and its control by blue light and light absorbed by phytochrome. Planta 188:396-402

* Elmlinger M W, Mohr H (1994) Regulation of glutamine synthethase gene expression in Scots pine (*Pinus sylvestris* L.) seedlings. Nova Acta Leopoldina, Vol. 70, Nr. 288, The

Terrestrial Nitrogen Cycle as Influenced by Man; Barth Verlagsgesellschaft mbH, Leipzig, Berlin Heidelberg, in press

* Flaig H, Mohr, H (1992) Assimilation of nitrate and ammonium by the Scots pine (Pinus sylvestris) seedling under conditions of high nitrogen supply. Physiol. Plant. 84:568-576

Foyer C H, Lescure J-C, Lefebvre C, Morot-Gaudry J-F, Vincentz, M, Vaucheret H (1994a) Adaptions of photosynthetic electron transport, carbon assimilation, and carbon partioning in transgenic *Nicotiana plumbaginifolia* plants to changes in nitrate reductase activity. Plant. Physiol. 104:171-178

Foyer C H, Noctor G, Lelandais M, Lescure J C, Valadier M H, Boutin J P, Horton P (1994b) Short-term effects of nitrate, nitrite and ammonium assimilation on photosynthesis, carbon partitioning and protein phosphorylation in maize. Planta 192:211-220

Friemann A, Brinkmann K, Hachtel W (1991) Sequence of a cDNA encoding the bi-specific NAD(P)H-nitrate reductase from the tree *Betula pendula* and identification of conserved protein regions. Mol. Gen. Genet. 227:97-105

Friemann A, Brinkmann K, Hachtel W (1992) Sequence of a cDNA encoding nitrite reductase from the tree *Betula pendula* and identification of conserved protein regions. Mol. Gen. Genet. 231:411-416

Frommer W B, Hummel S, Riesmeier J W (1993) Expression cloning in yeast of a cDNA encoding a broad specific aminoacid permease from *Arabidopsis thaliana*. Proc. Natl. Acad. Sci. USA 90:5944-5948

Gadal P, Cretin C, Vidal J, Galvez S, Bismuth E, Lepiniec L, Paquit V, Santi S (1994) Interaction of nitrogen and carbon metabolism: Implication of PEP-carboxylase and isocitrate dehydrogenase. Nova Acta Leopoldina 70, Nr. 288, The Terrestrial Nitrogen Cycle as Influenced by Man; Barth Verlagsgesellschaft mbH, Leipzig, Berlin Heidelberg, in press

Glass, A. D. M. (1990) Ion absorption and utilization: The cellular level. In: Baligar, V. C., Duncan, R. R. (eds.), Crops as Enhancers of Nutrient Use. Academic Press, San Diego

Hahlbrock K (1991) Kann unsere Erde die Menschen noch ernähren? Bevölkerungsexplosion – Umwelt – Gentechnik. Piper, München

* Hecht U, Mohr H (1990) Factors controlling nitrate and ammonium accumulation in mustard (*Sinapis alba*) seedlings. Physiol. Plant. 78:379-387

* Hecht U, Oelmüller R, Schmidt S, Mohr H (1988) Action of light, nitrate and ammonium on the levels of NADH- and ferredoxin dependent glutamate synthases in the cotyledons of mustard seedlings. Planta 175:130-138

Hepp R, Hildebrand E E (1993) Stoffdeposition in Waldbeständen Baden-Württembergs. Allg. Forstzeitschrift 22:1139-1142

Hirsch A M (1992) Developmental biology of legume nodulation. New Phytol. 122:211-237

Hochstein E, Hildebrand E E (1992) Stand und Entwicklung der Stoffeinträge in Waldbestände von Baden-Württemberg. Allg. Forst Jagdztg. 163:21-26

Hudspeth R L, Grula J W, Dai Z, Edwards G E, Ku M S B (1992) Expression of maize phosphoenolpyruvate carboxylase in transgenic tobacco. Plant Physiol. 98:458-464

Isermann K (1990) Die Stickstoff- und Phosphor-Einträge in die Oberflächengewässer der Bundesrepublik Deutschland durch verschiedene Wirtschaftsbereiche unter besonderer Berücksichtigung der Stickstoff- und Phosphor-Bilanz der Landwirtschaft und Humanernährung. In: Akademie für Tiergesundheit e.V. (Hrsg.): Schriftenreihe der Akademie für Tiergesundheit, 1:358-413, Verlag der Ferber'schen Universitätsbuchhandlung

Isermann K (1993) Anteile der Landwirtschaft an der Emission klimarelevanter Spurengase – ursachenorientierte und hinreichende Lösungsansätze. Mitt. Dt. Bodenkundl. Ges. 69:231-238

Jing Y, Zhang B T, Shan X Q (1990) Pseudonodule formation on barley roots induced by *Rhizobia astragali*. FEMS Microbiology Letters 69:123-128

John M, Schmidt J (1992) Fixierung von atmosphärischem Stickstoff durch symbiontische Bakterien. In: Pflanzenproduktion und Biotechnologie, Max-Planck-Institut für Züchtungsforschung, Druck und Verlags GmbH Becker, Bruhl

Joy K (1988) Ammonia, glutamine and asparagin: a carbon nitrogen interface. Can. J. Plant Physiol. 66:2103-2109

Joy K W, Blackwell R D, Lea P J (1992) Assimilation of nitrogen in mutants lacking enzymes of the glutamate synthase cycle. J. Exp. Bot. 43:139-145

Kaiser W M, Huber S. (1994) Modulation of nitrate reductase in vivo and in vitro: Effects of phosphoprotein phosphatase inhibitors, free Mg^{2+} and 5'-AMP. Planta 193:358-364

Kaiser W M, Spill D, Glaab J (1993) Rapid modulation of nitrate reductase in leaves and roots: indirect evidence for the involvement of protein phosphorylation/dephosphorylation. Physiol. Plant. 89:557-562

Kamachi K, Yamaya T, Hayakawa T, Mae T, Ojima K (1992) Changes in cytosolic glutamine synthetase polypeptide and its mRNA in a leaf blade of rice plants during natural senescence. Plant Physiol. 98:1323-1329

Kim J, Rees D, C (1994) Nitrogenase and biological nitrogen fixation. Biochemistry 33: 389-397

Kimou A, Obaton M, Drevon J J (1993) Measurement of nitrate reductase activity during the soybean (*Glycine max* L., Merr) growth cycle – Distribution in the plant and relation with nitrogenase in soybean. Agronomy 13:845-852

King J (1991) The genetic basis of plant-physiological processes. Oxford University Press, Oxford

Kondorosi A (1992) Regulation of nodulation genes in rhizobia. In: Varma D P S (ed.), Molecular Signals in Plant-Microbe Communications. CRC Press, Boca Raton

Kwart M, Hirner B, Hummel S, Frommer W B. (1993) Differential expression of two related aminoacid transporters with differing substrate specifity in *Arabidopsis thaliana*. Plant J. 4:993-1002

Lainé P, Ourry A, Macduff J, Boucaud J, Salette J (1993) Kinetic parameters of nitrate uptake by different catch crop species: Effects of low temperatures or previous nitrate starvation. Physiol. Plant. 88:85-92

Leason M, Cunliffe D, Parkin D, Lea P J, Miflin B J (1982) Inhibition of pea leaf glutamine synthetase by methionine sulphoximine, phosphinotricine and other glutamate analogues. Phytochem. 21:855-857

Lepiniec L, Keryer E, Philippe H, Gadal P, Cretin C (1993) *Sorghum* phosphoenolpyruvate carboxylase gene family: structure, function and molecular evolution. Plant Mol. Biol. 21:487-502

Lillo C (1994) Light regulation of nitrate reductase in green leaves of higher plants. Physiol. Plant. 90:616-620

Manh C T, Bismuth E, Boutin J-P, Provot M, Champigny M-L (1993) Metabolite effectors for short-term nitrogen-dependent enhancement of phosphoenolpyruvate carboxylase activity and decrease of net sucrose synthesis in wheat leaves. Physiol. Plant. 89:460-466

Marschner H (1986) Mineral Nutrition of Higher Plants. Academic Press, London

* Mehrer I, Mohr H (1989) Ammonium toxicity: description of the syndrom in *Sinapis alba* L. and the research for its causation. Physiol. Plant. 77:545-554

Melzer E, O'Leary M (1987) Anapleurotic fixation by phosphoenolpyruvate carboxylase in C_3 plants. Plant Physiol. 84:58-60

Mengel K (1991) Ernährung und Stoffwechsel der Pflanze. Gustav Fischer Verlag, Jena

* Mohr H (1990) Der Stickstoff – ein kritisches Element der Biosphäre. Sitzungsberichte der Heidelberger Akademie der Wissenschaften, Mathematisch-naturwissenschaftliche Klasse, Jahrgang 1990, 5. Abhandlung, Springer Verlag, Berlin

* Mohr H (1993) Waldschäden in Mitteleuropa – Wo liegen die Ursachen? In: Wilke G, Freund H-J, Gierer A, Kippenhahn K, Reetz M T, Nöth H, Truscheit E (eds.) Horizonte – Wie weit reicht unsere Erkenntnis heute? Verhandlungen der Gesellschaft Deutscher Naturforscher und Ärzte. Wissenschaftliche Verlagsgesellschaft mbH, Stuttgart

* Mohr H, Lehn H (1994) Present views of the nitrogen cycle. Nova Acta Leopoldina, Vol. 70, Nr. 288, The Terrestrial Nitrogen Cycle as Influenced by Man; Barth Verlagsgesellschaft mbH, Leipzig, Berlin Heidelberg, in press

* Mohr H, Neininger A, Seith B (1992) Control of nitrate reductase and nitrite reductase gene expression by light, nitrate and a plastidic factor. Bot. Acta 105:81-89

Mohr H, Schopfer P (1992) Pflanzenphysiologie, Springer-Verlag, Berlin

* Neininger A, Back E, Bichler J, Schneiderbauer A, Mohr H (1994a) Deletion analysis of a nitrite-reductase promoter from spinach in transgenic tobacco. Planta, in press

* Neininger A, Bichler J, Schneiderbauer A, Mohr H (1993) Response of a nitrite-reductase 3.1-kilobase upstream regulatory sequence from spinach to nitrate and light in transgenic tobacco. Planta 189:440-442

* Neininger A, Kronenberger J, Mohr H (1992) Coaction of light, nitrate and a plastidic factor in controlling nitrite-reductase gene expression in tobacco. Planta 187:381-387

* Neininger A, Seith B, Hoch B, Mohr (1994b) Gene expression of nitrite reductase in Scots pine (*Pinus sylvestris* L.) as affected by light and nitrate. Plant Mol. Biol., in press

Oelmüller R (1989) Photooxidative destruction of chloroplasts and its effect on nuclear gene expression and extraplastidic enzyme levels. Photochem. Photobiol. 49:229-239

* Otter T, Penther J M, Mohr H (1992) Control of appearance of alanine aminotransferase in the Scots pine (*Pinus sylvestris* L.) seedling. Planta 188:376-383

Paul E A, Clark F E (1988) Soil Microbiology and Biochemistry. Academic Press, San Diego

Pelsy F, Caboche M (1992) Molecular genetics of nitrate reductase in higher plants. Adv. Genet. 30:1-40

* Penther J M (1991) Analysis of alanine and aspartate aminotransferase isoforms in mustard (*Sinapis alba* L.) cotyledons. J. Chrom. 587:101-108

* Penther J M, Mohr H (1994) Plant aminotransferases. Nova Acta Leopoldina, Vol. 70, Nr. 288, The Terrestrial Nitrogen Cycle as Influenced by Man; Barth Verlagsgesellschaft mbH, Leipzig, Berlin Heidelberg, in press

Pepper I L, Bezdicek D F, (1990) Root microbial interactions and rhizosphere nutrient dynamics. In. Baligar V C, Duncan R R. (eds.), Crops as Enhancers of Nutrient Use. Academic Press, San Diego

Pfefferkorn V (1993) Ein leicht abbaubares Unkrautbekämpfungsmittel. Spektrum der Wissenschaft 7:100-101

Plachter H (1991) Naturschutz, Stuttgart

Quesada A, Galván A, Fernández E (1994) Identification of nitrate transporter genes in *Chlamydomonas reinhardtii*. Plant J. 5:407-419

Quick W P, Fichtner K, Schulze E D, Wendler R, Leegood R C, Mooney H, Rodermel S R, Bogorad L, Stitt M (1992) Decreased ribulose-1,5-bisphosphate carboxylase-oxygenase in transgenic tobacco transformed with „antisense" rbcS. IV. Impact on photosynthesis and conditions of altered nitrogen supply. Planta 188:522-531

Quick W P, Schurr U, Scheibe R, Schulze E-D, Rodermel S R, Bogorad L, Stitt M (1991) Decreased ribulose-1,5-bisphosphate carboxylase-oxygenase in transgenic tobacco transformed with „antisense" rbcS. I. Impact on photosynthesis in ambient growth conditions. Planta 183:542-554

Rajagopalan M, Tirumala D, Raghavendra A S (1994) Molecular biology of C_4 phosphoenolpyruvate carboxylase: Structure, regulation, and genetic engeneering. Photosynth. Res. 39:115-135

Rastogi R, Back E, Schneiderbauer A, Bowsher C G, Moffatt B, Rothstein S (1993) A 330bp region of the spinach nitrite reductase gene promoter directs nitrate-inducible tissue-specific expression in transgenic tobacco. Plant J. 4:317-326

Ratet P, Esnault R, Zuanazzi J, Sallaud C, Husson P, Coronado C, Dusha J, Savouré A, Dudits P, Schultze M, Bauer P, Crespi M, Jurkevitch E, Kondorosi E, Kondorosi A (1994) Molecular control of the development of nitrogen-fixing symbiosis. Nova Acta Leopoldina 70, Nr. 288, The Terrestrial Nitrogen Cycle as Influenced by Man; Barth Verlagsgesellschaft mbH, Leipzig, Berlin Heidelberg, in press

Redinbaugh M-G, Campbell W H (1991) Higher plants responses to evironmental nitrate. Physiol. Plant. 82:640-650

Riens B, Heldt H W (1992) Decrease of nitrate reductase activity in spinach leaves during a light-dark transition. Plant Physiol. 98:573-577

Robinson J M (1988) Spinach leaf chloroplast CO_2 and NO_2^- photoassimilations do not compete for photoregenerated reductant. Plant Physiol. 88:1373-1380

Rommel K (1992) Stillegung von Trinkwassergewinnungsanlagen. Baden-Württemberg in Wort und Zahl 7:312-315

Scheele M, Isermeyer F, Schmitt G (1992) Umweltpolitische Strategien zur Lösung der Stickstoffproblematik in der Landwirtschaft. Arbeitsberichte des Institutes für Betriebswirtschaft der Bundesforschungsanstalt für Landwirtschaft, Braunschweig

* Schuster C, Mohr H (1990a) Appearance of nitrite-reductase mRNA in mustard seedling cotyledons is regulated by phytochrome. Planta 181:327-334

* Schuster C, Mohr H (1990b) Photooxidative damage to plastids affects the abundance of nitrate-reductase mRNA in mustard cotyledons. Planta 181:125-128

* Seith B, Neininger A, Mohr H (1994a) Regulation of nitrite reductase gene expression. Nova Acta Leopoldina 70, Nr. 288, The Terrestrial Nitrogen Cycle as Influenced by Man; Barth Verlagsgesellschaft mbH, Leipzig, Berlin Heidelberg, in press

* Seith B, Schuster C, Mohr H (1991) Coaction of light, nitrate and a plastidic factor in controlling nitrite-reductase gene expression in spinach. Planta 184:74-80

* Seith B, Setzer B, Flaig H, Mohr H (1994b) Appearance of nitrate reductase, nitrite reductase and glutamine synthetase in different organs of the Scots pine (*Pinus sylvestris* L.) seedling as affected by light, nitrate and ammonium. Physiol. Plant., in press

* Seith B, Sherman A, Wray J L, Mohr, H. (1994c) Photocontrol of nitrite reductase gene expression in the barley seedling (*Hordeum vulgare* L.). Planta 192:110-117

Smirnoff, N., Stewart, G. R. (1985) Nitrate assimilation and translocation by higher plants: Comparative physiology and ecological consequences. Physiol. Plant. 64: 133-140

Smirnoff N, Todd P, Stewart G R (1984) The occurrence of nitrate reduction in the leaves of woody plants. Ann Bot 54: 363-374

Solomonson L P, Barber, M. J. (1990) Assimilatory nitrate reductase: functional properties and regulation. Annu. Rev. Plant Physiol. Plant Mol. Biol. 41:225-253

Son D, Kobe A, Sugiyama T (1992) Nitrogen-dependent regulation of the gene for alanine aminotransferase which is involved in the C$_4$ pathway of *Panicum miliaceum*. Plant Cell Physiol. 33:507-509

Son D, Sugiyama T (1992) Molecular cloning of an alanine aminotransferase from NAD-malic enzyme type C$_4$ plant *Panicum miliaceum*. Plant Mol. Biol. 20: 701-713

Spill D, Kaiser W M (1994) Partial purification of two proteins (100kDa and 67 kDa) cooperating in the ATP-dependent inactivation of spinach leaf nitrate reductase. Planta 192:183-188

Stewart G R (1993) The comparative ecophysiology of plant nitrogen metabolism. In: Porter J R, Lawler D W (eds.), Plant Growth: Interactions with Nutrition and Environment. Cambridge University Press, Cambridge

Stitt M, Schulze D (1994) Does Rubisco control the rate of photosynthesis and plant growth? An exercise in molecular ecophysiology. Plant, Cell Environment 17:465-487

Stulen I (1986) Interactions between nitrogen and carbon metabolism in a whole plant context. In: Lambers, H., Neetson, J. J., Stulen, I. (eds.), Fundamental, Ecological and Agricultural Aspects of Nitrogen in Higher Plants. Martinus Nijhoff Publishers, Dordrecht

Ta C T (1991) Nitrogen metabolism in the stalk tissue of maize. Plant Physiol. 97:1375-1380

Tabeka G (1983) Phytochrome-mediated increase in glutamine synthetase activity in photosensitive New York lettuce seeds. Plant Cell Physiol. 24:1477-1483

Temple S J, Knight T J, Unkefer P J, Sengupta-Gopalan C (1993) Modulation of glutamine synthetase gene expression in tobacco by the introduction of an alfalfa glutamine synthetase gene in sense and antisense orientation: molecular and biochemical analysis. Mol. Gen. Genet. 236:315-325

Tsay Y-F, Schroeder J I, Feldmann K A, Crawford N M (1993) The herbicide sensitive gene CHL1 of *Arabidopsis* encodes a nitrate-inducible nitrate transporter. Cell 72: 705-713

Udvardi M K, McDermott T R, Kahn M L (1993) Isolation and characterization of a cDNA encoding NADP$^+$-specific isocitrate dehydrogenase from soybean (*Glycine max.*). Plant Mol. Biol. 21;739-752

Ueda T, Messing J (1993) Manipulation of amino acid balance in maize seeds. In: Setlow J K (ed.) Genetic Engeneering Vol. 15. Plenum Press, New York

Ullrich W R, Larsson M, Larsson C-M, Lesch S, Novacky A. (1984) Ammonium uptake in Lemna gibba G1, related membrane potential changes, and inhibition of anion uptake. Physiol. Plant. 61:369-376

Vaucheret H, Chabaud M, Kronenberger J, Caboche M (1990) Functional complementation of tobacco and *Nicotiana plumbaginifolia* nitrate reductase deficient mutants by transformation with wild-type alleles of the tobacco structural genes. Mol. Gen. Genet. 220: 468-474

Vaucheret H, Kronenberger J, Lepingle A, Vilaine F, Boutin J-P, Caboche M (1992) Inhibition of tobacco nitrite reductase activity by expression of antisense RNA. Plant J. 2:559-569

Verma D P S, Hu C-A, Zhang M (1992) Root nodule development: origin, function and regulation of nodulin genes. Physiol. Plant. 85:253-265

Vincentz M, Moureaux T, Leydecker M-T, Vaucheret H, Caboche M (1993) Regulation of nitrate and nitrite reductase expression in *Nicotiana plumbaginifolia* leaves by nitrogen and carbon metabolites. Plant J. 3:315-324

Wang M Y, Glass A D M, Shaff J E, Kochian L (1994) Ammonium uptake by rice roots. III. Electrophysiology. Plant physiol. 104:899-906

Warner R L, Kleinhofs A (1992) Genetics and molecular biology of nitrate metabolisms in higher plants. Physiol. Plant. 85:245-252

Watt D A, Amory A M Cresswell C F (1993) Constitutive and inducible aspects of nitrate-nitrogen uptake by *Chlamydomonas reinhardtii*. Physiol. Plant. 89:507-511

* Weber M, Schmidt S, Schuster C, Mohr, H. (1990) Factors involved in the coordinate appearance of nitrite reductase and glutamine synthetase in the mustard (*Sinapis alba* L.) seedling. Planta 180:429 434

White T C R (1993) The Inadequate Environment. Nitrogen and the Abundance of Animals. Springer-Verlag, Berlin

Wray J L (1993) Molecular biology, genetics and regulation of nitrite reduction in higher plants. Physiol. Plant. 89:607-612

Zhen R-L, Koyro, H-W, Leigh R A, Tomos A. D, Miller A J (1991) Compartmental nitrate concentrations in barley root cells measured with nitrate-selective microelectrodes and by single-cell sap sampling. Planta 185:356-361

Inhalt
Jahrgang 1993/94

Sitzungsberichte der Heidelberger Akademie der Wissenschaften
Mathematisch-naturwissenschaftliche Klasse

Die Jahrgänge bis 1921 einschließlich erschienen im Verlag von Carl Winter, Universitätsbuchhandlung in Heidelberg, die Jahrgänge 1922–1933 im Verlag Walter de Gruyter & Co. in Berlin, die Jahrgänge 1934–1944 bei der Weißschen Universitätsbuchhandlung in Heidelberg. 1945, 1946 und 1947 sind keine Sitzungsberichte erschienen.
Ab Jahrgang 1948 erscheinen die „Sitzungsberichte" im Springer-Verlag.

Inhalt des Jahrgangs 1990:

1. M. Becke-Goehring. Freunde in der Zeit des Aufbruchs der Chemie. Der Briefwechsel zwischen Theodor Curtius und Carl Duisberg. DM 48,-.
2. G. Conte, F. Giannessi. M. Cornali. Hemodynamics and the Development of Certain Malformations of the Great Arteries. – B. Chuaqui. Comments. DM 19,-.
3. F. Linder, J. Steffens, M. Ziegler. Surgical Observations and Their Consequences. DM 15,-.
4. A. Mangini, A. Eisenhauer, P. Walter. The Relevance of Manganese in the Ocean for the Climatic Cycles in the Quaternary. DM 18,-.
5. H. Mohr. Der Stickstoff - ein kritisches Element der Biosphäre. DM 25,-.
6. F. Vogel. Humangenetik und Konzepte der Krankheit. DM 18,-.
7. H. Zehe. „Gott hat die Natur einfältig gemacht, sie aber suchen viel Künste". Goethes Reaktion auf die Fraunhoferschen Entdeckungen. DM 26,50.

R. Bernhardt. Z. Feng. J. Siegrist. P. Cremer. Y. Deng. G. Dai. G. Schettler. Die Wuhan Studie. Eine prospektive Vergleichsstudie über Risikofaktoren und Häufigkeit der koronaren Herzerkrankung bei 40- bis 60jährigen chinesischen und deutschen Arbeitern. Supplement. DM 42,-.

K. Beyreuther, G. Schettler (Eds.). Molecular Mechanisms of Aging. Supplement. DM 54,-.

J. Harenberg. D. L. Heene. G. Stehle, G. Schettler (Eds.). New Trends in Haemostasis. Coagulation Proteins, Endothelium. and Tissue Factors. Supplement. DM 68,-.

Inhalt des Jahrgangs 1991:

1. F. Räbiger. Absolutstetigkeit und Ordnungsabsolutstetigkeit von Operatoren. DM 38,-.
2. B. Chuaqui. Über den Krankheitsbegriff - dargestellt an der Typologie menschlicher Mißbildungen. DM 29,-.
3. G. Schettler. Gesundheitsrisiken in der Industriegesellschaft. DM 18,-.
4. H. Schaefer. Gefährden Magnetfelder die Gesundheit ? DM 43,-.

W. Doerr. Ars longa. vita brevis. Problemgeschichte kritischer Fragen II. Supplement. Geb. DM 69,-.

G. Schettler, D. Schmähl, T. Klenner (Eds.). Risk Assessment in Chemical Carcinogenesis. Supplement. DM 49,-.

F. Linder (Hrsg.). In memoriam Karl Heinrich Bauer. Feier aus Anlaß des 100. Geburtstages – 26. September 1990. Supplement. Geb. DM 48,-.

W. Morgenstern. M. S. Tsechkovski, E. Nüssel. G. Schettler (Eds.) CINDI - Baseline Evaluation. Supplement. DM 19,50.

W. Doerr, H. Schaefer, H. Schipperges (Hrsg.). ...hropologische Grundfragen einer Theoretischen Pat